容忍例外的知识

张立英　著

世界图书出版公司
北京·广州·上海·西安

图书在版编目（CIP）数据

容忍例外的知识 / 张立英著 . —北京 : 世界图书出版有限公司北京分公司，2024.3
ISBN 978-7-5232-0878-6

Ⅰ . ①容… Ⅱ . ①张… Ⅲ . ①知识学 Ⅳ . ① G302

中国国家版本馆 CIP 数据核字（2023）第 199279 号

书　　名	容忍例外的知识
	RONGREN LIWAI DE ZHISHI
著　　者	张立英
责任编辑	刘天天　　仲朝意
封面设计	彭雅静
出版发行	世界图书出版有限公司北京分公司
地　　址	北京市东城区朝内大街 137 号
邮　　编	100010
电　　话	010-64038355（发行）　　64033507（总编室）
网　　址	http://www.wpcbj.com.cn
邮　　箱	wpcbjst@vip.163.com
销　　售	新华书店
印　　刷	中煤（北京）印务有限公司
开　　本	787mm×1092mm　1/16
印　　张	12.125
字　　数	161 千字
版　　次	2024 年 3 月第 1 版
印　　次	2024 年 3 月第 1 次印刷
国际书号	ISBN 978-7-5232-0878-6
定　　价	58.00 元

目录

■ 前　言 / 001

第一章　总论 / 003

§1.1 内容总览 / 003

§1.2 框架结构 / 006

第二章　概称句 / 008

§2.1 概称句分类及其特点 / 008

§2.1.1 概称句的分类 / 008

§2.1.2 概称句的七个特点 / 011

§2.2 概称句的解释 / 015

§2.2.1 成规说 / 015

§2.2.2 规则说 / 016

§2.2.3 对全称句作限制 / 018

§2.2.4 涵义语义 / 029

§2.2.5 概率方向 / 030

§2.2.6 因果解释 / 035

第三章　其他情况均同律 / 037

§3.1 CP 定律及其解释 / 038

§ 3.1.1 CP 定律的分类 / 040

§ 3.1.2 CP 定律的解释 / 041

§ 3.2 CP 定律的经济学起源 / 042

§ 3.2.1 CP 定律的经济学起源 / 042

§ 3.2.2 CP 定律解释的经济学探源 / 043

§ 3.3 排除式 CP 定律的形式刻画 / 045

§ 3.3.1 "完成者"尝试 / 046

§ 3.3.2 趋向性解释 / 047

§ 3.3.3 不变性和稳定性理论 / 048

§ 3.3.4 正常性理论 / 049

§ 3.4 排除式 CP 定律的概称句解释 / 050

§ 3.4.1 双正常性语义 / 051

§ 3.4.2 划界说 / 051

§ 3.4.3 概率方向 / 052

§ 3.4.4 排除式 CP 定律刻画的检验标准 / 053

§ 3.5 比较式 CP 定律的形式刻画 / 055

第四章　含糊性问题 / 057

§ 4.1 含糊表达及累积悖论 / 058

§ 4.1.1 三值逻辑 / 059

§ 4.1.2 模糊逻辑 / 061

§ 4.1.3 超赋值理论 / 062

§ 4.1.4 认知主义 / 063

§ 4.1.5 其他解释 / 064

§4.2 含糊表达的一个三值解释 / 065

§4.2.1 基于人的认知的含糊性问题研究 / 065

§4.2.2 语义解释 / 066

§4.2.3 累积悖论的解释 / 070

§4.2.4 高阶含糊性 / 071

§4.3 含糊性问题的内涵与外延之辩 / 072

§4.3.1 引言 / 072

§4.3.2 含糊性问题的可精确化结构 / 074

§4.3.3 基于可精确化结构的超赋值语义 / 078

§4.3.4 基于可精确化结构的布尔多值语义 / 081

§4.3.5 对两种基于可精确化结构的语义的一般性评价 / 086

§4.3.6 内涵语义与外延语义之辩 / 087

§4.3.7 总结与展望 / 096

第五章 非单调推理 / 099

§5.1 从经典后承到非单调推理 / 100

§5.1.1 非单调推理的不可避免性 / 101

§5.1.2 从经典后承到超经典后承 / 102

§5.1.3 从超经典后承到非单调推理 / 105

§5.1.4 总结及进一步的分析 / 106

§5.2 带排序的非单调推理 / 107

§5.2.1 通过演绎方式得概称句的推理中的排序 / 108

§5.2.2 结论是事实句的概称句推理中的排序 / 115

§5.2.3 通过归纳得到概称句的推理中的排序 / 116

§5.2.4 小结 / 118

§5.3 可推翻论证的刻画 / 122

§5.3.1 非单调推理 / 122

§5.3.2 可推翻论证逻辑系统 / 123

§5.3.3 可推翻论证系统各研究分支间的关系 / 125

§5.3.4 可推翻论证系统与其他非单调推理进路 / 126

§5.3.5 可推翻论证系统与经典逻辑 / 127

§5.3.6 小结 / 127

第六章 归纳推理 / 129

§6.1 归纳推理研究的演进 / 129

§6.1.1 归纳推理的界定 / 130

§6.1.2 用概率方法解释归纳推理 / 132

§6.2 概称句推理与归纳 / 133

§6.2.1 概称句推理研究 / 133

§6.2.2 归纳推理的概称句解释 / 134

§6.3 概称句解释与概率解释的比较 / 136

§6.3.1 表达不确定性的方式 / 136

§6.3.2 处理范围 / 137

§6.3.3 应用性 / 138

§6.4 小结及一些说明 / 139

第七章 类比与隐喻 / 141

§ 7.1 归纳与类比 / 141

§ 7.2 analogy 与类比 / 143

§ 7.2.1 类比初探 / 143

§ 7.2.2 analogy 是比较 / 145

§ 7.2.3 类比包含分类和比较 / 146

§ 7.2.4 中西类比差异分析 / 148

§ 7.2.5 类的另一种解释 / 150

§ 7.3 类比的评估 / 152

§ 7.3.1 "教科书模式"的类比评估准则 / 152

§ 7.3.2 类比评估准则的延展分析 / 153

§ 7.4 类比与隐喻 / 156

§ 7.4.1 隐喻是一种比较 / 157

§ 7.4.2 类比与隐喻的区分 / 158

§ 7.4.3 分类的流动性 / 161

§ 7.4.4 隐喻是聚焦模式的比较 / 162

第八章 容忍例外的知识 / 163

§ 8.1 封闭性假设 / 163

§ 8.2 容忍例外的知识 / 166

参考文献 / 168

前　言

　　涉及经验的知识总是容忍例外的。与容忍例外的知识共生既是人们不得不接受的现实，也是人们进行知识迁移和创新的重要途径。如何刻画这些知识以及包含这些知识的非单调推理，是当下认知科学、逻辑学、人工智能等领域关注的重点之一。本书围绕"容忍例外"这一关键词，系统整理了作者近20年来在常识推理、科学定律的形式表达、含糊性问题、非单调推理、可推翻论证、类比与隐喻等领域的所学、所思、所写。其中既包含了应用逻辑学方法的形式分析与刻画，也包含了把以上研究关联起来的整体性思考。

　　我们的常识通常是由容忍例外的概称句来表达的，要探索日常推理的规律，首先要思考如何解释概称句。本书梳理了解释概称句的多个研究进路，最终认为引入两个正常模态算子的双正常语义能够较好地解释概称句。不过研究概称句不止是形式处理上的突破，**更在于看待世界**的观念上的改变：**我们的常识不是全称句，而是概称句**。由这一观念出发，很多经典恒远的问题都可以有新的理解和研究思路。比如涉及经验的科学定律是容忍例外的，可以被看作特殊类型的概称句，进而概称句角度的研究成果还可以被应用于科学定律的形式表达研究中去。比如，自凯恩斯给出第一个现代归纳逻辑系统以来，归纳推理一直和概率解释捆绑在一起，但如果跳出来看，会发现概率只是用来表达不确定的一种方式而已，而归纳推理恰恰可以看成概称句的推理。一旦明白这一点，概称句研究领域的很多研究进路（也包括概率研究进路）都可以被应用于归纳推理研究之中。除了常识和科学定律，高、矮、胖、瘦、贵、贱、红色的、聪明等非常日常的表达中还包含着含糊的因素，当我们判断某人高矮、某物贵贱的时候，判断某种颜色是否是红色时，总存在边界例子和临界点，我们不好判断其真假；如何刻画和解释这样的现象，其中既涉及认知，也涉及概念的结构。容忍例外的知识其推理是非单调的，前提增加时，结论可能会被收回。本书也从宏观和中观的不同角度，结合概称句推理研究的结果探究了非单调推理的本质。

正如非单调的推理和人类认知的进程一样，这些研究并没有所谓的最终结论，始终都在不断地优化演进中。但我希望我的所思所想是能让读者有所启发的。希望这些研究对于探究人类日常和科学认知的思维规律有所促进，同时也能对哲学、语言学、认知科学、人工智能等领域的研究有所助益。

第一章 总论

§1.1 内容总览

涉及经验的知识总是容忍例外的。

我们的常识大多数是容忍例外的。例如鸟会飞,它表达具有一定普适性的规律,但我们同时也知道它有例外,比如企鹅是鸟,但企鹅不会飞。与同样具有普适性但不容忍例外的全称句相对应,这类句子被称作概称句。恰恰由于容忍例外,包含概称句的推理通常具有非单调性:随着前提的增加或改变,推理的结论可能被收回。概称句推理是常识推理(default reasoning)的重要组成部分,这种非单调推理超出了经典逻辑的处理范围。20世纪70年代以来,在人工智能研究的推动下,语言学、计算机科学(人工智能)、逻辑学、哲学以及心理学等多个领域的研究者纷纷把目光投向概称句及其推理,概称句推理研究得到了迅猛发展。本书系统整理了对概称句的不同解释方案,并通过引入前提集的排序来刻画非单调的概称句推理。

自然定律也可能是容忍例外的。科学哲学家发现,在传统观点中被认为是普遍的、毫无例外的自然定律,很多时候却并非如此,为了说明特殊科学的科学正当性,自然定律被表达成加其他情况均同(*Ceteris Paribus*,简称CP),用于容忍例外。这一条件的引入存在一定的争议，一些科学家认为在科学领域引入CP条件是必要的，另一些学者则认为特殊科学没有真正的定律，但大多数学者认为虽然没有严格的特殊科学定律，但特殊科学定律应该被归结为包含CP从句的定律。从逻辑学者的角度来看，CP条件的引入是为了表达可能存在例外的似律性结论，这本身十分有意义；而容忍例外的科学定律也可以看成一种特殊的、更为严格化的概称句。

经典逻辑遵循二值原则，即命题只有真假两种取值情况，含糊表达的存在则提示着例外的情况。含糊表达，如高、矮、贵、秃等，这些表达存在不好判定真假的边界例子。例如，如果李四不是高到明显高，也不是矮到明显矮，则他是一个边界例子。含糊表达的存在还会导致累积悖论（sorites paradox）：有0根头发的人是秃头；如果有n根头发的人是秃头，则有$n+1$根头发的人是秃头……由此一直推下去，我们甚至可推出：有100,000,000根头发的人是秃头。含糊表达在自然语言中随处可见，尽管很多时候被认为是语言的不足之处，实际上却是成功交流的核心成分之一。研究含糊表达对探究人类的认知模式作用重大。

包含容忍例外的知识的推理是非单调的，即如果前提增加，推理所得的结论还可能会被收回。例如，当我们知道"鸟会飞，小翠是鸟"时，以此为前提可以推出小翠会飞，但当我们知道"鸟会飞，小翠是鸟，小翠是企鹅，企鹅不会飞"时，却无法推出小翠会飞了，而当我们知道"鸟会飞，小翠是鸟，小翠是企鹅，企鹅不会飞，企鹅是鸟"时，我们得出的结论是"小翠不会飞"。随着前提集的增加，结论被收回或者改变。由于非单调推理是人工智能领域的热点问题，自1980年以来，已经涌现出非常多的研究进路来尝试刻画非单调推理。

不同于演绎推理，归纳推理不具有保真性，这意味着，即使一个归纳推理的前提都真，也没有办法保证结论为真。尽管归纳是日常生活和科学研究中常见的推理类型，但对归纳推理的刻画仍旧是个进行时。推理研究的古典时期，学者们希冀通过归纳方法得出确定的结论，如穆勒认为，所谓归纳，就是"发现和证明普遍命题的活动"。归纳推理研究的现代时期，研究者不再认为通过归纳推理可以得到确定无误的结论，转而寻求方法来表示不确定性。20世纪初期，结合当时的古典概率论理论，凯恩斯建立了归纳推理的第一个逻辑系统，开创了用概率方法研究归纳推理之路。直至今天，归纳推理研究一直沿着这一道路发展，归纳和概率似乎被捆绑在了一起。本书将打破这种捆绑，透过概称句视角重新考察归纳推理，并给出归纳推理的一种概称句解释。

类比是人类认知体系中非常重要的一环，是人们学习知识、认知世界、进行发明创造的重要手段。我们常常说的"以此类推""举一反三"背后都包含着类比。类比推理同样是容忍例外的。中国古代文献中关于类和类比的应用和讨论层出不穷，源自西方传统逻辑学的"类比"理论到今天仍旧影响广泛。以逻辑学入门教科书中的类比界定为起点，本书辨析了源自西方的analogy和中国的类比，指出analogy主要探讨如何作比较，而中国式类比则强调同类相比，需要先分类再比较。不过，造成这种差异的根源不在于认知框架，而在于知识结构。除了凸显重要的人类认知要素，对分类的强调还可以帮助我们看清类比和隐喻的区分，类比和隐喻本质上都是比较，类比是同类相比，隐喻则是从异类中看到同理，除此之外，隐喻的另一显著特征在于它是一种"聚焦"模式的比较。由于分类的多种可能性，类比和隐喻之间的界限并不是绝对的，而是一个不断流动和进化的过程。

涉及经验的知识总是容忍例外的，与容忍例外的知识共生既是人们不得不接受的现实，也是人们进行知识迁移和创新的重要途径。经典逻辑刻画的"完美"的数学推理，固然是人类思维和推理的最重要的地基，容忍例外的知识和推理更是人们日日面对的、不可避开的认识和探索世界的方式。如何刻画这些知识以及包含这些知识的非单调推理，是当下认知科学、逻辑学、人工智能等领域关注的重点之一。目前，人工智能领域多数是通过封闭性假设，在有限情境下处理问题，但这种处理方式在智能突破方面还有一道等待跨越的鸿沟。是否可以在更开敞的假设下刻画这些容忍例外的推理及其背后的思维模式？逻辑学的形式化分析方法起码可以起到助力的作用，帮助寻找背后的可形式化规律。本书收录了作者在刻画容忍例外的知识和推理这一问题上所做的尝试和努力，其中既包含了应用逻辑学方法的形式分析与刻画，也包含了把以上研究关联起来的整体性的思考。希望这些研究对于探究人类日常和科学认知的思维规律有所助益，也希望这些研究对哲学、语言学、认知科学、人工智能等领域的研究有所启发。

§1.2 框架结构

本书分为八章，可大致分为四个部分。

第一部分（第一章）是内容总览和文章框架结构的介绍，从总体上阐述了本书所收录研究的内容和意义，以及各章之间的关系。

第二部分（第二、三、四章）分别探讨了概称句（常识）、科学定律以及涉及含糊表达的语句的解释和形式刻画。概称句、科学定律、含糊表达都可能是容忍例外的，这些内容既包含对学界研究的综述，也包括了作者自己的一些所思所想。

第三部分（第五、六、七章）则基于第二部分对语句的解释和刻画，进一步探讨容忍例外的推理。容忍例外的推理是非单调的。第五章系统考察非单调推理的刻画，同时以概称句推理为例，通过引入前提集上的排序来刻画非单调推理。第六章探讨归纳推理，并指出用概率方法解释归纳推理只是一种可能的方式，而概称句推理领域的研究也可以给归纳推理研究以参考作用。第七章进一步扩展有待更多研究的类比和隐喻，类比和隐喻是人类重要的认知方式。本书指出，类比和隐喻都涉及分类和比较，类比是同类相比，隐喻是异类相比，同时是聚焦模式的类比，类比和隐喻之间具有流动性。

第四部分（第八章），此章除了对全书内容进行回顾总结外，还会探讨这些研究的定位、核心精髓、特色、后续的工作，以及这些研究对人工智能等领域研究的参考作用（见图1-1）。

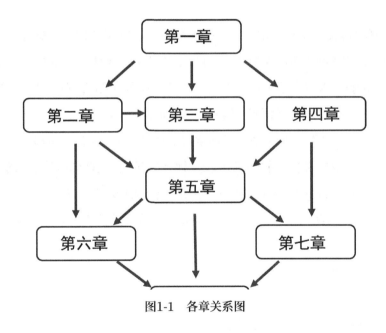

图1-1　各章关系图

第二章　概称句[①]

概称句表达具有一定普适性的规律，但区别于全称句，概称句容忍例外。我们的绝大多数知识其实都是容忍例外的概称句，逻辑学领域关注概称句的推理及其背后的认知机制。要研究概称句推理，首先要分析概称句的语义。除了逻辑学领域，概称句也是语言学、心理学、人工智能、认知科学等多个领域的研究对象。本章将结合概称句的实例分析概称句的特点，并从逻辑学的形式分析视角出发，评述当下不同的概称句对方案的解释力。以本章的讨论为基础，第五章将给出概称句推理的一个刻画。

本章分为两节，§2.1介绍概称句的分类及其特点，§2.2是概称句的解释。

§2.1 概称句分类及其特点

§2.1.1 概称句的分类

概称句指那些不是表示明确的情节（episodic）或独立事实，而是

---

① 本章在论文《概称句的语义解释及形式化比较研究》（《哲学动态》，2006年第8期）基础上整理而成，有所修改和增补。

表达一类一般性质的命题。这种句子又被称为特征句（characterizing statements），简称概称句。

以下是一些概称句的例子。

（1）大熊猫是易危物种。

（2）恐龙灭绝了。

（3）法国人吃马肉。

（4）蒙古人吃羊肉。

（5）鸟会飞。

（6）种子发芽。

（7）猕猴桃含有维生素C。

（8）大猩猩是哺乳动物。

（9）海龟长寿。

（10）孔雀生蛋。

（11）孔雀有华丽的羽毛。

（12）俱乐部的成员在危难关头互相帮助。

（13）山鹰社成员每周末拉练。

（14）小王饭后一杯茶。

（15）小张处理从南极洲来的信件。

如果用S表示主项，用P表示谓项，以上例子都是可以用SP来表示的具有主谓结构的概称句。

从主项来看，（14）（15）的主项表示的是单一的个体，而（1）—（13）的主项表示的是类。

（3-1）法国这一国家其国民有吃马肉这一特性。

（3-2）每个典型的法国人吃马肉。

（4-1）蒙古这个民族其成员有吃羊肉这一特性。

（4-2）每个典型的蒙古人吃羊肉。

从谓项的制约来看，单从语法角度，（1）（2）中谓语所表达的性质是不能应用于主项表示的类中的个体的，而（3）—（13）从理论上讲谓项性质可以应用于主项表示的类中的个体。从语义角度，（3）（4）可能有两种读法，（3-1）和（4-1）所表达的性质不能应用于原句中主项的个体，此时（3）（4）类似于（1）（2）的情况；（3-2）和（4-2）所表达的性质则既可以表示类又可以应用于类中的个体。

（1）（2）和（3）（4）的（3-1）（4-1）读法与其他例子在语义分析上存在比较明显的差异。（1）（2）和（3）（4）的（3-1）（4-1）读法，其语义分析的重点是怎样明确"易危物种""吃马肉这一特性"等的含义；而其他句则体现了下一节将要介绍的容忍例外和内涵性等概称句的核心性质，需要用到内涵语义。

基于以上的讨论，这里的研究范围将限定于谓项性质可以应用于主项个体的那些概称句①。（14）（15）可以看作主项论域缩小为一个元素的特例，也在该研究范围之内，但不是关注的重点。对于（3）（4）这样可能有不同读法的句子，如果采取类似于（3-2）（4-2）的读法就属该研究范围——尽管这可能改变（3）的真值，而采取另一种读法则不属该研究范围。也就是说，在上面的例子（1）—（15）中，（5）—（15）及（3）（4）的（3-2）（4-2）读法都属本文的研究范围。以下再提到概称句，如不特别说明，通常指上述限定范围内的概称句。

上面所举例子中谓项大都是一元的，而日常生活中的概称句的谓项不都是一元的，例如，"俱乐部的会员在危难关头互相帮助"就包含了

---

① 从概称句是否被接受的角度来考虑，作为通常的理解，（3）应该采取（3-1）的读法，而（4）可能通常是（4-2）的读法，当然，（4-1）这种读法下这句话也是真的。但（3）（4）从语法形式上看是一样的，这使得怎样选择读法的界限是模糊的。好在具体概称句怎么读的问题，不是逻辑学所关注的，逻辑学关心能通过形式化手段进一步研究的那部分规律。

多元谓词，本文的研究集中于谓项一元的情况。[①]此外，作为日常语言的一部分，概称句会和语言的其他部分产生联系，例如，"如果每个邮递员都经过训练，那么狗就不会咬邮递员了"是概称句和反事实条件句的结合；概称句自身也有嵌套的出现，例如"猫如果在物体在它面前移动时去追赶就是健康的"，其中整句是概称句，嵌于其中的"物体在它（猫）面前移动时去追赶"也是一个概称句。这些都是本文希望概称句的语义解释能够表现的。

此外，关于概称句的分类，Krifka等人（1995）提到，概称句可依据语形上是否有对应的情节句（episodic sentences）分为惯常句（habitual）和语汇句（lexical）两种。惯常句在语形上有对应的情节句，是对事件的概括；语汇句在语形上没有对应的情节句，是对个体性质的概括。按这种分类，上面的例子中（13）（14）属于惯常句，而（5）—（11）属于这种分类下语汇句那一类。

还有学者针对一些疑难概称句提出了概称句读法上的分类。例如，Eckardt（1999）针对（9）将概称句分为理想概称陈述和正常概称陈述，Cohen（1999）针对（3）提出绝对读法和相关读法的区分等，这里不再一一介绍。

§2.1.2 概称句的七个特点

下文中介绍的关于概称句语义分析的理论主要来自于逻辑学、语言学和人工智能（计算机）领域，由于概称句的研究是多学科共同关注的，而今各学科无论从思想还是技术上都有交叉，因此本文没有从学科

---

① 事实上，本书所用的语义解释也可用于多元的情况，但由于本书中所讨论的推理主要集中在谓项一元的情况，为了简化书写和证明，我们这里把目光暂时停留在一元的情况，有对多元谓词处理感兴趣的读者可参见张立英（2005）。

角度对这些研究作分类。本文将从怎样形式化、怎样作限制的角度来分类介绍，力图抓住各研究方向的思想本质。这里的介绍主要是思想性的，基本不涉及具体的技术细节。

本文的评论是从逻辑学的视角出发根据本文的研究目标而给出的，不能满足本文研究目标的语义分析，并不一定没有满足作者本身的研究目的。

以下介绍的研究方向中存在一个比较普遍的问题，即研究者的直观背景思想和给出的形式处理不一定一致。这其中有些是因为直观讲得不够清楚明晰，从而相应的技术处理也不能到位，有些是形式化者没有完全体现直观表述的涵义（这些形式化中有些并不是提出直观思想的人自己给出的，而是后人根据前人的直观思想给出的）。本文的讨论和评判主要是参照形式化结果给出，对形式化处理提出的问题不等同于对背景思想的评判。

本节根据§2.1.1给出的例子，讨论概称句所具有的特点，由于不同语言下概称句表达形式可能会略有差异，这里主要考察不同语言下概称句都可能具有的一些关乎思维而不是语言表层形式的核心性质。

1. **概称句表达具有一定普适性的规律**。概称句表达的是一类一般性质，如"猕猴桃含有维生素C"，而不是独立的事实，如"这个猕猴桃含有维生素C"。概称句所表达的规律通常可以用于辖域内的个体，如通常可以由"猕猴桃含有维生素C"得出"这个猕猴桃含有维生素C"。这使得概称句和全称句有某种相似性，概称句可看作某种意义上的全称句。

2. **概称句容忍例外**。区别于全称句，概称句所表达的规律是容忍例外的。例如我们通常接受"鸟会飞"，即使我们同时知道"企鹅是鸟"，但"企鹅不会飞"。"容忍例外"是概称句最重要的特点之一，也是吸引众多研究领域共同关注概称句语义解释的主要原因。

3. 概称句有真值。关于概称句有无真值的讨论主要起源于非单调推理研究中Reiter（1980）所代表的研究方向的兴起，这一方向把概称句看作元语言的规则，认为概称句的涵义是动态的，因此概称句没有真假的问题。而关于概称句有真值的论述具体可见Asher和Morreau（1995）。本文认为，尽管对概称句作判断与下判断主体和语境等有关是不可否认的，但是即使不同人在不同语境对于概称句的判断不同，他们也都作了判断，因此概称句是有真值的。具体的判断选择是个人的事，具体的真值是什么也不是逻辑学关心的。逻辑学关心主体作判断过程所遵循的共性的可通过形式化表达来刻画的那部分规律。而且，上一节提到过，日常语言中概称句存在嵌套等现象，如果仅仅把概称句看成规则，则不能处理这些问题。

4. 概称句具有内涵性。即使没有一个现实世界的实例满足概称句的谓项条件，概称句仍可以真。例如：对"俱乐部的会员在危急关头互相帮助""这台机器榨橙汁"及"小张处理从南极洲来的信件"，即使俱乐部的会员还没有遇到过危急关头，这台榨汁机一出厂就被摔坏了，小张从来没有处理过从南极洲来的信件，这些句子作为概称句还可能是真的。概称句具内涵性这一点被Eckardt（1999）总结为概称句包含模态成分。

5. 有些概称句的真值判断要对主项作限制，限制中要同时考虑主项和谓项的涵义。对于概称句"孔雀生蛋"和"孔雀有华丽的羽毛"，人们一般认为这两个概称句都是真的，尽管只有雌孔雀生蛋，只有雄孔雀有华丽的羽毛，而雌孔雀和雄孔雀分别对应的个体集是不相交的，如果两句话的主项解释相同（或说对应了相同的个体集），就会出现问题。这一现象通常被称为沉溺问题（drowning problem）。沉溺问题提醒我们，对概称句作真值判断时：（1）我们对主项作了限制；由于满足两句谓项性质的个体集是不相交的，我们一定是对主项作了限制。（2）

对主项作限制时考虑到了谓项的涵义；这两句话不仅对主项作了限制，而且所作的限制还不能是一样的[①]，考虑到主项同为"孔雀"，这种限制一定考虑到了谓项的涵义。由于"孔雀生蛋"和"孔雀有华丽的羽毛"分开来看时与其他概称句没什么区别，因此这样的句子在处理上应与本文考虑范围内的其他概称句（除惯常句）没什么两样，因此（1）（2）的总结是对大多数概称句都适用的，而沉溺问题则是（1）（2）的突出表现而已。

6. 概称句的真值判断与作判断的主体和语境等相关。 概称句的判断和作判断主体的知识背景及认知特性等有关，同时还和相应的情境及场景有关。例如，对于"鸟会飞"，动物学家在大多数场景下都不会认为其真，虽然知道某些种类的鸟不会飞的人，在通常情境下会认为这句话是对的，但在脑筋急转弯或智力测试时，也可能认为这句话假，而不知道有些个别种类的鸟不会飞的主体，在不考虑死鸟、病鸟等的大多数情况下都会认为该句真。具体怎样选择不是逻辑学的事，但概称句的形式表达应反映这一点，给这一部分因素留有空间。

7. 概称句是导致推理非单调的重要原因之一。 非单调推理的特点在于当前提增加时，结论集不一定随之单调增加。非单调推理的核心性质是可修改性（defeasibility）：通过非单调推理得出的结论在给出新证据的情况下可能被推翻。由前提集 Γ 可得出结论 ϕ，但由前提集 $\Gamma \cup \psi$ 却可能得不出结论 ϕ。这种推理与传统的经典演绎逻辑有所不同，经典演绎逻辑的特点就在于增加新前提，原有结论不会被推翻。由于概称句容忍例外，前提中包含概称句的推理就可能是非单调的。比如说，由"鸟会飞"和"小翠是鸟"，可以得到结论："小翠会飞"。但当我们知道"小翠是只企鹅"，而"企鹅不会飞"时，我们就要把前面得出的"小

---

① 这里要排除两个主项同时选择空个体集的情况。

翠会飞"这个结论收回了。

以上总结的特点都是典型的概称句所具有的特点，但不意味着每个概称句都必须具有这样的特点。如"有些概称句的真值判断要对主项作限制，限制中要同时考虑主项和谓项的涵义"的提出是针对"孔雀生蛋""孔雀有华丽的羽毛"等具有典型意义的概称句，以及它们所带来的沉溺问题。对于概称句中的一个子类惯常句（如"小王饭后一杯茶"）来说，因为主项仅为一个个体，当然也不存在主项作限制的问题。然而，我们的目标是试图通过对概称句的语义分析来抓住概称句的本质，这也是我们强调抛开语言表层的差异总结共性的原因之一。而我们认为，一个好的概称句语义解释要能体现更多的概称句特点。

概称句本质上是和认知主体的认知及思维特点相关的，虽然不同语言对概称句的表达可能存在具体的差异，但不可否认，满足上面这些特征的句子是每个语言都有的，不仅有而且都普遍存在于日常生活中。很难想象，没有概称句，人们的日常生活将会怎样。

§2.2 概称句的解释

§2.2.1 成规说

Declerck（1986）认为概称句所表达的是成规（stereotype）。对于"狮子有鬃毛"和"狮子是雄性的"，任意给一头狮子，它更可能是一头雄狮子，而不一定有鬃毛，因为只有雄狮子才有鬃毛，而且不是所有雄狮子都有鬃毛。尽管如此，我们通常接受"狮子有鬃毛"，但不接受"狮子是雄性的"。这一观点认为这是由于"狮子有鬃毛"是

（英语）文化中关于狮子的一种成规——"狮子狮子有鬃毛"[①]是（英语）语言知识的一部分；而"狮子是雄性的"在语言中没有相应的成规。Putnam（1975）在哲学上， Rosch（1978）在心理学上发展了成规的概念。Putnam认为，成规是语言的一部分，每个说这种语言的人都知道。

从考察概称句来源的角度，这一说法有一定的合理性，某种程度上揭示了一部分概称句的可能来源（尽管这些成规的来源还有待考察），但是将此作为概称句的形式化依据是不大可行的。首先，这只是一部分概称句的来源，像"小王饭后一杯茶"这样的概称句显然不是通过成规获得的。其次，即使只考察通过成规得来的概称句，这一部分概称句也不可能有统一的形式化；正如Krifka等人（1995, pp. 48-49）所说："如果概称句表达的是成规的话，那我们如果想解释概称句，只需考察成规的形式，但我们基本没有希望找到逻辑学一般所关心的规律。例如，有鬃毛的狮子是成规的一部分的原因是狮子是唯一有鬃毛的猫科动物，因此这对狮子来说是用以与其他类别相区分的特性。……但这只是一种成规的来源，换一个句子可能就换一个成规，这样如果成规说是正确的，我们会有无数个概称算子。"此外，Putnam（1975）指出，成规是和具体语言相关的，是使用同一语言的人所共享的。如果这种说法是对的，由于本文试图找出不同语言共有的规律，成规说也不能成为本文入手的方向。

§2.2.2 规则说

Reiter（1980）重点研究非单调推理，此文中对概称句的处理通常

---

① Leo Leo that it has a mane，英语俗语。

被总结为把概称句看成规则（例如Krifka等人，1995）。

以非单调推理研究中百举不厌的"鸟会飞"为例，Reiter（1980）将之解释为：如果"x是鸟"真，且如果"x会飞"可以被一致地假设，则得出结论"x会飞"真。这一推理规则允许由句子A（"x是鸟"），在给定句子B（"x会飞"）与假设事实一致的情况下，得到结论C（"x会飞"）。

Reiter（1980）对概称句的处理通常的评述一般集中在以下几点：（可参见Krifka等人，1995；Mao，2003等）

（1）这种处理是把概称句当作元语言层面的规则。

（2）如果把概称句看作元语言的规则，而不是对象语言的公式，我们不可能进一步运用逻辑工具去细化研究概称句的含义。

（3）把概称句看成规则，使概称句只有合理不合理，而没有真假之分。如果采取这种办法，概称句有真值这一特点将不能被反映。

（4）把概称句看作规则使处理概称句与其他语言成分相复合、概称句的嵌套成为不可能。上一章指出，因为概称句是语言的一部分，它不可避免地会与语言的其他部分发生联系。概称句会嵌套在其他语言结构中，例如，"如果每个邮递员都经过训练，那么狗就不会咬邮递员了"，其中"狗不会咬邮递员"是否定形式的概称句，而"每个邮递员都经过训练"则是一个反事实条件句的前件。概称句自己也会嵌套，例如"猫如果在物体在它面前移动时去追赶就是健康的"，其中整句是概称句，嵌于其中的"物体在它（猫）面前移动就去追赶"也是一个概称句。把概称句处理成规则不能处理这样的概称句。

自认知推理（autoepistemic reasoning）（McDermott and Doyle，1980）也是非单调推理研究中的一个经典分支。以"鸟会飞"为例，自认知推理将其解释为：如果"x是鸟"，且不知道"x不会飞"，则可得结论"x会飞"。

一般而言,这类研究可被描述为正面知识缺乏的情况下的推理,在这一点上它与Reiter(1980)对概称句的处理类似。但自认知推理通过引入模态算子"不知道",从而使代表概称句的规则在对象语言中得以表示。尽管这种规则可以在对象语言中得以表达,但其本质还是规则,因为这种处理并不关心概称句的真值(当然他们也不认为概称句有真值)。以"鸟开卡车"为例,在这种解释下,如果"x是鸟",且不知道"x不会开卡车",那么就可得出结论"x开卡车"吗?!实际上,因为他们所关注的是已经接受了一个概称句(规则)后怎么推理,因此像"鸟开卡车"这样的句子,根本就不在他们考虑的范围之内。

自认知推理和Reiter(1980)的理论不适合处理概称句的关键原因是相近的,他们想要刻画和描述的是非单调推理的过程,他们所关注的是已经接受了一个概称句后怎样来应用,而不是去考察为什么这样用。概称句在他们的研究中所充当的角色是一个既定的规则,他们没有考虑怎样通过解释概称句来深入概称句内部去找原因,而是试图通过外部解释来推理。而如果把概称句看作导致非单调推理的重要原因的话,则应该由内而外,先通过分析概称句的语义,考察清楚概称句的本质,进而找到概称句引发的非单调推理的本质规律。

§2.2.3 对全称句作限制

概称句表达具有一定普适性的规律,因此概称句和全称句有相近之处,但由于概称句容忍例外,因此不能把概称句和全称句等同看待。例如,我们同时接受"鸟会飞"和"企鹅是鸟但不会飞",却不能同时接受"任意的鸟会飞"和"企鹅是鸟但不会飞"。虽然不能把概称句看作全称句,但可以考虑从全称句出发,通过加上可表现概称句特点的限制来刻画概称句。这一节所介绍的方向，都基于把概称句看成在全称句上的某种限制这一直观。而接受这一直观至少表现概称句有如下特点：概称句表达具有一定普适性的规律；概称句容忍例外；概称句有真值。

以下为简化问题，如不作特殊说明，一般考虑一个变元的情况。对概称句SP，我们从$\forall x(S\,x \to P\,x)$出发。

§2.2.3.1 相关限制

相关限制（relevant quantification）的思想由Declerck（1991）提出。这一方向将概称句看作在相关实体上的限制。Declerck（1991）认为存在这样一个原则：当一个陈述由一个集合组成时，听者会根据他（她）自己世界中的知识将该陈述限制到这个"集合"中，该陈述可以以一种适宜的方式来使用集合中的元素。

以"鲸生幼崽"为例，这个陈述是针对雌性、发育成熟的鲸而言的，因为首先，只有它们才有可能生幼崽。具体的处理上，这句话被表示为$\forall x(鲸(x)\,\&\,R(x) \to x生幼崽)$。

一些学者对这一研究方向提出了批评。如Krifka等人（1995，pp. 45-46）认为：（1）这一原则可以使所有的概称句都成立。对任一概称句，我们很容易就可以找到一个限制，使这个概称句真。例如对"鲸是蓝色的"，如果我们给出的限制R是谓词"是蓝色的"，该句就变成了"蓝色的鲸是蓝色的"。（2）尽管这一陈述声称为合理的限制，但这一方向怎样或是否可以发展起来，情况并不明晰。

事实上，如果规定对"鲸是蓝色的"和"鲸不是蓝色的"所作的限制相同，上面提到的问题（1）将会有所改善，这是一阶逻辑可以做到的。关键在问题（2），从思想上看这一方向的陈述有一定的合理性，但由于陈述不够清晰，作为给出形式化的指导有些不够。从这一方向下所发展出的形式化来看，问题的重点似乎就落在怎样给出$R(x)$的问题上。但是，以一阶谓词来表达这种限制，从一开始就注定了其不能表达源出思想的命运。R首先不能是常元，否则怎样表现"以适宜的方式"？R如果是一组R_i也于事无补。关于R(x)的方法这一方向没有具体给出，事实上，在这种表达下是无法探讨这一问题的，以一阶谓词作为限制手段，不能为判断主体和语境影响留有余地，也不可能体现概称句的内涵性。

§2.2.3.2 "不正常"限制

非单调推理研究中另一分支划界说（circumscription, McCarthy, 1980），把"鸟会飞"解释成：如果"x是鸟"，而且x相对于"会飞"来说不是不正常的鸟，则可得出结论"x会飞"。这一解释从思想上讲有一定合理性，但具体的形式化并没有达到直观所想。具体的，这一理论用一个谓词来囊括所有的例外，该谓词表示这些情况是不正常的，而且仅仅将该谓词的论域限制到给出正面知识就一定"不正常"的那些实体上。简化来讲，这一理论引入了表示"不正常"的谓词常元Ab，将"鸟会飞"表示为$\forall x(鸟(x) \land \neg Ab(x) \to 会飞(x))$。这种表达的问题在于，"不正常"被表示为一阶谓词常元，指"不正常的某种东西"，这就像说"是鸟""不是鸟"这样的简单的谓词。但是，"不正常"应该是与语境相关的，没有绝对的不正常，这一处理不能体现这种相对性。针对这一问题后来的研究者有所改进，引入了一系列的不正常谓词，以Ab_i表示，但Ab_i仍然是一阶谓词。

抛开背景思想的具体差异，从形式表达来看，由于R(x)与$\neg Ab(x)$同是一阶谓词，对于"鸟会飞"，§2.2.3.1的"$\forall x(鸟(x) \land R(x) \to 会飞(x))$"和"$\forall x(鸟(x) \land \neg Ab(x) \to 会飞(x))$"有惊人的相似性，因此，这两种形式处理所面临的根本问题是一样的：一阶谓词的表达能力不足以刻画他们想表达的更复杂的选择过程，而且这种经典逻辑公式加限制的方式也不可能处理像"这个俱乐部的会员在危难时刻互相帮助"这样表达概称句内涵性的例子。

Veltman（2011）在这一方向下，对McCarthy（1980）的解释有了一些改进。他将"鸟会飞"形式化为$\forall x(Px \wedge \neg Ab_{Px, Qx} x \to Qx)$，这意味着在选择"不正常的鸟"时，"鸟"和"会飞"将同时作为参数。这样的解释使得沉溺问题得以被处理，但由于解释中没有模态成分仍不能表达出概称句的内涵性。

§2.2.3.3 典型说

典型说（prototype）方向的思想基础是：将一概念的最典型的代表称为prototype。Prototype这一概念在认知心理学领域很流行，尤其在Rosch（1978）中。Heyer（1985）等将prototype这一概念用于处理概称句。在这些研究中，概称句被看作加在一个概念的典型元素上的全称限制。例如，"猫有尾巴"可以被改写成"每一个典型的猫有尾巴"。这一方向通过引入算子TYP来限制一个谓词的外延，使之限制到对于该谓词是"典型"的那些实体。

例：猫有尾巴。

$\forall x(\text{TYP}(\text{猫})(x) \to \exists y(y\text{是尾巴} \& x\text{有}y))$。

Krifka等人（1995, pp. 46-47）分析："我们对所有的概称句作统一处理时，必须假设一个相当一般性的典型算子。因为概称所要考虑的范围变化非常大，而我们必须允许TYP算子对不同情况的谓项都可以应用。还要注意，该算子不能被定义为集合或其他的外延实体。该算子所表达的内容一定是通过内涵表达所给出的，因为如果通过概称算子以外延实体的形式给出的话，比如说，假设现在的世界上除了企鹅其他的鸟都灭绝了，在外延实体形式的解释下，典型的鸟和典型的企鹅的概念是一致的。……这一研究方向其实只是将怎样确定概称句的语义的难题转化成了怎样确定TYP算子的语义的难题。"

这一方向并没有指出怎样来确定TYP算子，这是事实。而Krifka等人（1995）用来说明这一点的分析，却为典型说方向未来发展给出了一点提示。从上文的分析中可看出，如果想沿着这一研究方向发展，（1）由于概称句变化的范围非常大，TYP算子的限制只能体现最基本、最普遍的特点，不能过于细致，要多留一些空间，除非要具体研究某一子类型概称句；（2）TYP算子应体现内涵性，这不仅是根据概称句有内涵性这一点提出的要求，TYP算子的定义方式就体现了这一需求，TYP算子是加在谓词上的函数，而不再是一个独立给出的谓词，这较前面介绍的方向有了进步。至少，这一方向已经有了表达概称句的内涵性的苗头。如果说前面用一阶谓词作限制的研究方法表达内涵是不可能的，这一方向却使这一点成为可能。

Krifka等人（1995）还指出，这一方向不能解决沉溺问题。§2.1.2的分析指出，沉溺问题表明对主项作限制要同时考虑到主项涵义和谓项涵义。事实上，在这一方向下这一问题是有可能解决的，可以考虑尝试将一元TYP算子转化为二元TYP算子，使其辖域同时包括主项和谓项的因素，沉溺问题就有可能得到处理。后面将指出，Mao（2003）等就这一问题给出了比较成功的处理。

沿着这一方向的直观，后人做了进一步的研究。Mao（2003）和Eckardt（1999）都声称自己是沿着典型说方向发展了自己的理论。

§2.2.3.4 模态条件句方向

概称句与条件句有相像之处，例如概称句"鸟有羽毛"可以改写成"如果某种东西是鸟，则它有羽毛"，由此，可考虑把对条件句的模态处理方法应用到对概称句的处理上。由Asher和Morreau（1991）、Morreau（1995）及Pelletier和Asher（1997）等所给出的概称句的形式

化及语义通常被称为模态条件句方向。Asher和Morreau（1991）中给出了像"狗吠"这样的概称句的形式表达，该概称句可表示为$\forall x(D(x) > B(x))$，其直观意思是：对任意对象x，如果x是狗且x在一个适当的环境下，则这个环境通常会包含x吠这一事件。形式语义以可能世界语义学为基础，形式表达中的$>$是从条件句逻辑中发展来的二元模态算子，形式语义中通过 $W \times \mathscr{P}(W) \to \mathscr{P}(W)$ 上的选择函数*来解释。在模型M下，公式$\alpha > \beta$在可能世界w上真，当且仅当，$*(w, \| \alpha \|^{M}) \subseteq \| \beta \|^{M}$，从直观上讲，$\alpha > \beta$在可能世界$w$上真要求$\beta$在所有根据可能世界$w$和由$>$的前件所表达的命题$\| \alpha \|$所选择出来的可能世界上真。而$\forall x(D(x) > B(x))$（代表"狗吠"）真，当且仅当，对任意论域中的对象$x$，$D(x) > B(x)$真。这一方向的研究重点主要集中在怎样更好地给出*的语义上，直到Mao（2003）、Mao和Zhou（2003）和周北海（2004）在这一理论基础上引入新的算子。Mao和周北海的研究将在§2.2.3.6中介绍。

沿着这一方向，很多概称句都能够得到"解释"[①]，例如对§2.1列出的例子（5）—（8）和（12）—（15），其解释基本可以被接受。而且，这种解释较前面几种的一个显著优点是，引入模态算子体现了概称句的内涵性。考虑概称句"这台机器榨橙汁""小张处理从南极洲来的信件""俱乐部的成员在紧急关头互相帮助"，这些句子都可以是真的，尽管与这些概称句相对应的事实句可能还没有机会实现或者根本不可能有机会实现。例如，榨汁机刚出厂还没用就被摔坏了，根本没有从南极洲来的信件，这个俱乐部的成员还没有遇到什么紧急关头。这些概称句的真说明了，人们在理解概称句时不是仅仅考虑现实世界的实例。而模态条件句方向的解释由于考虑到了可能世界的实例[②]，所以可以比

---

① 得以解释，不意味着解释得够准确。

② 出于不认为现实世界比可能世界更真实的观点，本书中可能世界中的事例也被统一称为实例。

较好地处理这类句子。

（3）法国人吃马肉。

（4）蒙古人吃羊肉。

（5）鸟会飞。

（6）种子发芽。

（7）猕猴桃含有维生素C。

（8）大猩猩是哺乳动物。

（9）海龟长寿。

（10）孔雀生蛋。

（11）孔雀有华丽的羽毛。

（12）俱乐部的成员在危难关头互相帮助。

（13）山鹰社成员每周末拉练。

（14）小王饭后一杯茶。

（15）小张处理从南极洲来的信件。

Delgrande是第一个提出用条件句逻辑的方法来处理非单调推理的学者，Delgrande（1987, 1988）指出概称句可以由量化的条件句来表示，他的这一想法不仅为概称句研究开启了新的篇章，也对关注非单调推理的人工智能界产生了很大的影响。沿着这一方向，Delgrande（1987, 1988）、Asher和Morreau（1991）、Morreau（1995）、周北海和毛翊（2003）等也应用这种解释来处理非单调推理，这体现了概称句是导致非单调推理的重要原因之一这一特点。

虽然这种语义可以处理一大批概称句，但在例（9）—（11）这里遇到了问题。

对于"海龟长寿"，虽然可以考虑对每只海龟选择的可能世界中它没有被吃掉，没发生地震，有充足的食物、水、空气，合适的温度，那么海龟会长寿，但是这样的解释总是显得牵强。人们对这句话作判断时，所想的是那些活着的海龟，那些一出生不久就死掉的海龟已经被我们排除掉了，对每一只海龟都选择相应的可能世界，不符合人们日常认知这一概称句的直观。

对于引发沉溺问题的"孔雀有华丽的羽毛"和"孔雀生蛋"，对任意一只孔雀，在我们参照当下世界选择的可能世界中，该孔雀不可能在有华丽羽毛的同时生蛋。§2.1.2的分析指出，沉溺问题说明考虑概称句语义时，要对主项作限制；对主项作限制时要同时考虑主项和谓项的涵义。模态条件句方向的处理没有体现出这些特点。Pelletier和Asher（1997）也意识到这一方向解决沉溺问题的困难，他们给出的解决办法是对两句分别加限制，用$\forall x(P(x) \wedge Male(x) > C(x))$表示"孔雀有华丽的羽毛"，用$\forall x(P(x) \wedge Female(x) > L(x))$表示"孔雀生蛋"，但是这样做相当于把产生沉溺问题的句子单列了出来，规定这样的句子和其他要讨论的概称句有所不同。但是，从句子形式和单句理解上，产生沉溺问题的句子与其他的概称句没有什么区别，因此这种处理方法并不合理。我们需要一种更普遍的概称句解释，在该解释下，（10）（11）同其他概称句可以以一样的方式来解释。

此外，Cohen（1999）指出Asher不能解释"法国人吃马肉""保加利亚人是举重好手"这样的概称句。事实上，像本文一样，Asher等人的研究也没有把这样的概称句视为关注的重点。而Cohen为了解释"法国人吃马肉"和"保加利亚人是举重好手"这样的句子把概称句分为绝对读法和相关读法[①]也正说明他承认这种区别，而且，Cohen（1999）并没有为这两类概称句给出统一的解释。

比较模态条件句方向和前面几个方向，可以看出，模态条件句方向通过引入可能世界语义体现了概称句的内涵性，这是前面几个方向没有

---

① 详见§2.2.5。

做到的。模态条件句方向与前几个方向的另一个显著区别是，前面几个方向都考虑对主项作限制，而模态条件句方向在引入可能世界语义解决内涵性的同时却放弃了对主项元素作限制。前面几个方向的共同追求反映了人们认知概称句时的部分直观，而模态条件句方向引入了可能世界语义学这样一个好工具的同时，却忽略了对主项限制的研究。

能否把这两条相融合呢？这将是§2.2.3.5和§2.2.3.6所要讨论的问题。

§2.2.3.5 带模态的典型说

Eckardt（1999）的研究是对主项个体作限制和模态方向相融合的一个尝试。

Eckardt（1999）指出自己的研究是沿着典型说方向所做的进一步努力，试图在语义中抓住概称句是对所有的典型个体的陈述这一特点。在她的理论中概称句实际上被定义为[①]：

$$GEN\, x_1, \cdots, x_n(\varphi;\psi) =_{df} \Box\, \forall x_1, \cdots, x_n((N_n(\lambda s \lambda x_1, \cdots, x_n \varphi))(x_1, \cdots, x_n)) \rightarrow \psi)$$

其中，N_n 用来从一个类中选择出该类的典型/正常对象（例如从所有的鸟中选出典型/正常的鸟）。概称句 $GEN x_1, \cdots, x_n(\varphi;\psi)$ 在可能世界 w 中真，当且仅当，对任意通过 ≈ 与 w 相关联的世界 w'，在 w' 中使 φ 成立的正常对象 $a_1, \cdots, a_n$ 在 w' 中也使 y 成立。≈ 是可能世界上的二元关系。$w \approx w'$ 指 w' 与 w 在所有生理特性、因果和统计相关性及规律（disposition, causal, statistical dependency, regularity）方面是一样的，而其他方面可以不同。

Eckardt（1999）同时考虑了引入模态成分和对主项个体进行限

---

① Eckardt（1999）中给出的是扩展到多元谓词情况的处理，本文的介绍保留了这种形式。Eckardt（1999）中没有注意区分概称句的形式表达和语义解释的区别，Mao（2003）注意到了这一点，把两者作了区分，这里给出的是Mao（2003）区分后的形式。

制，从而发展了典型说方向的研究，通过引入N_n在可能世界语义学下比较明确地表现了通过主项涵义来选择典型/正常对象这一点。通过引入可能世界语义学，考虑到了可能世界中的实例，解释了"这台机器榨橙汁"及"小张处理从南极洲来的信件"这样的例子，表现了概称句具内涵性这一特点。

但是，这一语义中对主项个体的限制没有考虑到要同时顾及谓项的涵义，因此，目前这一解释不能解决沉溺问题。而根据≈的解释，□这个模态算子并没有像模态条件句中的二元模态算子那样起到选择正常情况的作用。例如，对概称句"鸟会飞"，Eckardt（1999）的解释是说，如果所有生理特性、因果和统计相关性及规律方面没什么变化的话（这种限制与具体主项和谓项无关），正常的鸟会飞。由□引入的限制，是一个整体的限制，不因具体的φ、ψ的变化而变化。这种限制过于死板，不能体现概称句的多样性。

§2.2.3.6 双正常语义

这一节介绍另一个同时考虑对主项个体进行限制和加入模态因素的尝试。Mao（2003）、Mao和Zhou（2003）以及周北海（2004）对模态条件句方向进行了改进，Mao（2003）指出，这一研究是沿着模态条件句方向的进一步探索，同时也包含典型说的思想。这一方向与Eckardt（1999）的区别是，Eckardt（1999）是以典型说为基础，同时考虑加入模态成分；而Mao和周北海的研究则是以模态条件句方向的研究为基础，考虑在其上加入典型说的成分。

前面提到，"海龟长寿"和沉溺问题的例子可以明显地表现人考虑概称句时要对主项个体作限制，而沉溺问题进一步启发我们，对主项个体作限制时，还同时要参照谓项的涵义，这不仅仅是一两个个例中存在的规律，而是适用于本文考察范围内几乎所有的概称句的。Pelletier

和Asher（1997）虽然可以"解释"很多种概称句，但是，这种解释还是不够精确和精致，事实上，他们把所有作限制的重担都放在了"在正常的情况下"的肩上。Mao（2003）中详细地分析论证了，单用"正常的"和单用"正常的情况下"作限制都不足以刻画概称句。以"鸟会飞"为例，假设鸟处在一个大气压力异常的环境，鸟儿无论怎样挥动翅膀都不能飞了，那么，即使再正常的鸟，也不会飞，这说明我们需要对概称句加"正常情况"限制。而如果在气压、天气等条件一切正常的环境里面，断了翅膀的鸟还是不会飞的，这说明我们需对概称句的主项加"正常"限制。

基于上面的分析，这一方向指出概称句SP的直观意思是，"对任意的个体x，如果x是相对于P或非P来说正常的S，那么，在正常情况下，x是P"。他们同时给出了概称句SP的典范解释：对所有主谓结构的概称句SP，都可以被精确化为"S（在正常情况下P）"。如果S是复数名词，又可进一步精确化为"（正常的S）（在正常情况下P）"。（周北海，2004）这一形式包含了两层全称概括，外层的全称概括作用于相对主谓项的正常个体，内层的概括作用于相对某个正常个体的正常环境。以"鸟会飞"为例，不会飞的不正常的鸟被外层的全称量词略去，正常的鸟在不正常环境里而不会飞的现象由内层的全称量词排除。具体的，两个"正常的"分别用两个不同的模态算子来刻画。用于正常情况的"正常的"是二元命题算子＞，在形式语义中用选择函数⊛来刻画，⊛是由模态条件句方向中的*进一步发展而来的。用于主项的"正常的"是以谓词为变元的函数，被称为正常个体选择函数。由于这里引入了两个正常算子，以下简称这一语义为双正常语义。双正常语义在"根据涵义来选择个体"这一思想及形式处理上与Eckardt（1999）有相近之处。但在具体处理上，通过把Eckardt（1999）中N_n的一个参数变为了两个，体现了对主项个体作限制要同时考虑谓项涵义这一直观，这样，通过这一处理，沉溺问题得以顺利解决。而且，这一解释给出了限定条件，使与谓项涵义相关的选取参数同谓项的肯定和否定无关。直观上，以"鸟会飞"为例，给出的条件限定对于鸟和会飞，以及对于鸟和不会飞，选出的正常个体是相同的。这样的限制避免了循环定义的可能，从而使§2.2.3.1中提到的"蓝色的鲸是蓝色的"问题得以消解。

概称句SP在形式语言中的表达式为$\forall x(N(\lambda xSx, \lambda xPx)x > Px)$。

综合以上的分析，可以发现，这种解释体现了：（1）概称句表达具有一定普适性的规律；（2）概称句容忍例外；（3）概称句有真值；（4）概称句具有内涵性；（5）概称句的真值判断要对主项作限制，限制中要同时考虑主项和谓项的涵义；（6）概称句的真值判断与作判断的主体和语境等相关；（7）概称句是导致推理非单调的重要原因之一。

§2.2.4 涵义语义

双正常语义可以完美地体现概称句的7个特点，但美中不足的是这种语义解释稍显复杂。周北海（2008，p. 38）也指出："……在已有的处理中，表达涵义用的是λ表达式，不够简洁和自然。"在该文中，周北海给出了涵义语义。涵义语义并不是专门为解释概称句而给出的，但同样可以成功地解释概称句，同时形式处理更加简单。但考虑到涵义语义背后的哲学分析需要很多篇幅的解释，本书暂时仍考虑采用（经改良的）双正常语义。

涵义语义的基本观点是：语词首先表达的是涵义，而不是其指称。通过涵义的联系，（1）有了语词的指称（涵义决定指称）；（2）有了语词所表达的概念及内涵。在涵义语义中，涵义是从可能世界到对象域的映射。内涵是涵义的集合。概念是可能世界到内涵域的映射。

一个涵义语义的框架 $\langle W, D, C, \circledast \rangle$ 是一个四元组，其中W是可能世界集，D是个体域，C是概念范畴映射，$\circledast$ 是W上的集选函数。框架和在框架上对常项和谓词的解释 ε 形成结构。ε 对常项和谓词的解释是函数。在这一语义中，G(S, P)和A(S, P)的解释分别为

$$\| G(S, P)\|^M = \{w \in W : S^\varepsilon \in P^\varepsilon C(w)\}$$
$$\| A(S, P)\|^M = \{w \in W : S^\varepsilon (w) \subseteq P^\varepsilon(w)\}$$

§2.2.5 概率方向

用概率方法解释概称句，是概称句语义分析的又一方向。由于这一方向与前面介绍的方向关联不大，因此把它放在本章的最后部分介绍。Cohen（1999）有一本关于概称句涵义分析的专著，书中以概率视角对概称句作了较全面的分析，是近年来概率方向解释概称句的一部代表性著作。本节主要介绍Cohen（1999）对概称句的解释，指出Cohen的解释与本文将要采用的解释之间的本质区别。

Cohen认为概称句的真要求足够多的相关个体满足谓项的相关性质，他的研究重点就在于怎样解释足够多。区别于前面的做法，Cohen通过考察相应的现实世界的实例为真的概率来确定概称句的真值。

Cohen把概称句分为**绝对读法（absolute reading）**和**相关读法**（relative reading）两种。其中相关读法的引入是想解释"法国人吃马肉"这样的概称句。

先从绝对读法说起。Cohen认为概称句不是独立给出的，而是要同时考虑到相应的参考（alternative）集，而参考集则根据关注点，预设和概称陈述的话题来决定。例如："狗是哺乳动物"的参考集是｛哺乳动物，鱼，爬行动物，鸟｝，"哺乳动物生幼崽"的参考集包含了不同种的生殖方式，即｛生幼崽，生蛋，有丝分裂｝。"狗是哺乳动物"真

要求相对于参考集中的动物的不同门类来说，狗是哺乳动物的概率大于50%；"哺乳动物生幼崽"真要求哺乳动物的生殖方式是生幼崽的可能性大于50%。Cohen根据以上分析给出：

定义1：*gen*(ψ; φ)表示概称句，其中ψ，φ表示性质。令A = ALT(φ)是φ的相关参考集。*gen*(ψ; φ)真，当且仅当，P(φ|ψ∧∨A)＞0.5，P(φ|ψ∧∨A)表示给定ψ∧∨A后φ的概率，而∨A是A中所有性质的并集（可能是无穷的）。

参考集中的项可以是相交的，即不同项所表达的性质允许对同一个体成立，如对"鸟会飞"的参考集：{飞，走，游泳}，会飞的鸟可能也同样会走，当然，"鸟会走"也是真概称句。此外，Cohen还规定当P(φ|ψ∧∨A)= 0时，该概称句是缺乏真值的。

这样的定义存在着问题，从直观上讲，"人大于三岁""初等学校的教师是女性""蜜蜂是不能生育的""书是平装的"等都是假的。但是，由于这些句子都满足P(φ|ψ∧∨A)＞0.5这一条件，按定义1，它们却是真的。Cohen为此引入了相关论域上的**同性质限制**（homogeneity constraint），简单来讲，对P(α|β)，相关类β相对性质α是同性质的，当且仅当，不能有这样一个对相关类β的划分（partition），使得α相对通过划分得到的相关类的子集的概率与α相对整体相关类所得到的概率是不同的。在这样一个限制下，Cohen认为上面的几个例子违反了这个限制，因而是假的。以"人大于三岁"为例，人可以依年龄分为不同的类，而"相对于三岁以下的人，人大于三岁的概率"当然与"相对人来说，人大于三岁的概率"不同。这样说来，对于年龄，人这个论域不是同性质的。其他几个例子的分析类似。但是，这种同性质要求太强了，同性质限制可以使大多数概称句都不能应用定义1，甚至包括"鸟会飞"这样的例子，因为鸟这个类可以按生物学上的分类来划分，而企鹅显然是可以明显地划分为一类的，因为企鹅是有绝对高的概率不会

飞的，所以鸟这个论域是不满足同性质限制的。Cohen也意识到这个问题，为此又提出了**显著划分**（salient partition）这一概念，指出一个论域如果相对所有显著划分而不是所有划分满足上面关于同性质限制这样的条件，那么它就是同性质的。Cohen认为显著划分是随文化、前后文背景和个体而变化的（cultures, contexts and individuals）。

针对"法国人吃马肉"这样的例子，Cohen提出了相关读法的概念。"法国人吃马肉"在Cohen这里面临的问题是，如果按定义1，$P(\phi|\psi \wedge \vee A) > 0.5$ 不成立，从而这些句子不真，尽管我们通常接受这个概称句。Cohen的解释是，这句话应该采取相关读法，虽然针对法国人所吃东西的参考集：{猪肉，鸡肉，鱼肉，牛肉，蔬菜，水果等}，只有很少的一部分法国人吃马肉（肯定少于50%），人们还是可以认为该句为真。相关读法的基本思想是，参考集中的元素不仅由概称句的谓项引入，还要来源于概称句的主项。给出概称句$gen(\psi;\phi)$，现在概称句的参考集要扩展为A= $\{\psi' \wedge \phi'|\psi' \in ALT(\psi), \phi' \in ALT(\phi)\}$。虽然$P(\phi|\psi \wedge \vee ALT(\phi))$非常低，但是只要其高于平均概率$P(\phi|\vee A)$就可以了。注意$P(\phi|\psi \wedge \vee ALT(\phi))= P(\phi|\psi \wedge \vee A)$。在相关读法下，概称句的真定义如下：

定义2：$gen(\psi;\phi)$表示概称句，其中ψ, ϕ表示性质。令A= $\{\psi' \wedge \phi'|\psi' \in ALT(\psi), \phi' \in ALT(\phi)\}$，是$\psi$和$\phi$的相关参考集。$gen(\psi;\phi)$真，当且仅当，$P(\phi|\psi \wedge \vee A) > P(\phi|\vee A)$。

因为法国人吃马肉的可能性要高于任何其他国家的人吃马肉的可能性，所以"法国人吃马肉"是真的，即使当有其他肉时，法国人吃马肉的可能性很小。Mao（2003）指出，定义2虽然可以解释"法国人吃马肉"这样的例子，但同时也给一些不能用定义1来解释的概称句开了一个后门。例如，对"郁金香是黑的""绵羊通过克隆生产后代"，由定义1，郁金香是黑色的情况非常少见，通常只会在公园里通过特别的科技和精心的栽培才可能产出；人类公开记载的历史中，只有一个叫多利的绵羊是通过克隆得来的。但是如果以相关读法来考虑这两句的话，它们却是真的。比如黑郁金香虽然很罕见，但毕竟是有，而其他花是黑色的可能性则更小。虽然绵羊通过克隆方式得来的只有一只，但其他物种通过克隆方式得来的却一只也没有。然而，这两句在直观上却是假的。为了避免这种情况出现，同时保持相关读法对"法国人吃马肉"这类句子的解释能力，Cohen把判定一个概称句应采取哪种读法的任务推到了我们身上。

综上，尽管Cohen通过相关读法给很多句子开了后门，但还是有很多句子Cohen不能解释，如体现概称句内涵性的句子"这台机器榨橙汁""小张处理从南极洲来的信件"，这些现实世界没有实例的句子，在Cohen的解释下其概率为0，按Cohen的规定，这些句子没有真值，这与人们日常对这些句子的直观并不相符。

Cohen的研究实际上是一个不断修补漏洞的过程。对绝对读法，定义1太弱了，就加上同性质限制，但同性质限制却使所有满足定义1同时$P(\phi|\psi \wedge \vee A) \neq 1$[①]的概称句都可以假。而显著划分的提出虽然提供了一个挽回的空间，但没有给出具体判断显著划分的标准，作为"解释"，Cohen指出显著划分随文化、前后文背景和个体的变化而变化，虽然这没有错，但是由于同性质限制和显著划分的概念并不是人直观一下子就认知到的，所以，这种可对可错的判断就让人有点无所适从了。尽管对概称句的语义解释要给判断主体和语境等因素留有空间，但还是要尽可能多地找出概称句所共同具有的能形式化表达的性质。事实上，Mao和Zhou（2003）、周北海（2004）在这一方面更进了一步。Cohen的理论如此复杂，只能说明他所总结的形式没有抓住概称句最核心的本质。

---

① P(φ|ψ∧∨A)=1 情况对应没有例外的那部分概称句。

考虑一下§2.1.2对概称句特点的总结：

（1）概称句表达具有一定普适性的规律。

（2）概称句容忍例外。

（3）概称句有真值。

（4）概称句具有内涵性。

（5）概称句的真值判断要对主项作限制，限制中要同时考虑主项和谓项的涵义。

（6）概称句的真值判断与作判断的主体和语境等相关。

（7）概称句是导致推理非单调的重要原因之一。

可以看出，除了（4）外，其他几条都是Cohen考虑到了并且希望表达的。Cohen认为概称句表达一定规律性的东西；Cohen所作的种种努力也是要刻画概称句容忍例外的特性；Cohen整篇的讨论都是概称句的真条件；Cohen的定义1说明了他也考虑到对主项个体作限制要考虑到谓项的涵义（体现在给出对谓项的参考集），只不过他对主项的限制方法与前人都不一样，他不是直接缩小主项个体的范围，而是考虑所有现实世界的个体，通过与其他相关实例的比较来刻画"足够多"从而起到限制的作用；Cohen讨论最多的就是概称句的判断是随文化、语境和个体而变化的；Cohen在书中指出是概称句的语义引导常识推理（default reasoning），而不是常识推理给出概称句的语义解释，这表明了Cohen认为概称句是导致推理非单调的原因。

通过以上的分析可以看出，Cohen的方法和本文将要接受的方法本质区别就在于是否可以体现概称句的内涵性。由于Cohen没有考虑到内涵性这一点，虽然在其他各点上这两个方向的认识基本一致，研究结果却表现出很大的差异。事实上，这两个方向正是分别以有内涵和无内涵为研究的基点，而从基点就开始的分别，导致了结果上巨大的差异。

§2.2.6 因果解释

　　van Rooij和Schulz（2019a，2019b，2019c）给出了概称句的因果语义解释。因果语义解释沿着概率路径发展而来，为传统的外延性解释增加了因果关系的内涵性因素。他们将概称句主要分为主语为名词复数的BP型概称句、主语为不定名词单数的IS型概称句两种形式，并认为BP型概称句为真可能仅仅由于主语和谓词之间的外延上的概率相关性，而IS型概称句为真则需要主语和谓词之间具有一定的原则性联系，这种原则性联系主要是一种因果关系。van Rooij和Schulz介绍了因果解释由概率解释发展而来的背景，并新提出了基于概率的描述性分析，根据该分析$\triangle*P_x^y$，形式为"ks are e"的概称句子表达了归纳概括。针对BP型概称句，他们在概率解释的基础上增加因果力量这一内涵性因素建立起了P_{xy}，并给出了P_{xy}对$\triangle*P_x^y$的辩护。针对IS型概称句，他们引入了Pearl（2000）的因果图和因果充分性概率来做解释。此外，为了解释两种特殊类型的IS型概称句，他们将概率因果语义泛化，分别给出了反事实因果分析和逻辑程序的分析。

　　van Rooij和Schulz指出，对概称句的量化分析可以从两个方面进行：一方面是对特征影响（impact）的量化，当一个特征比另一个特征引起更多的负面情绪反应时，就说这个特征的影响高。例如，"蜱虫携带莱姆病毒"，因为莱姆病是危险的，所以了解这一信息对人们是有用的或重要的。另一方面是对典型性的量化。y是x的典型特征，显然不需要所有的x都有y特征，而且也不要求只有x有y特征。例如，有条纹是老虎的典型特征，虽然几乎所有的老虎都是有条纹的，但也有白化的老虎，它们没有条纹，同时牛和猫也可以有条纹。所以我们需要一个典型性的弱化，van Rooij和Schulz认为"独特性"（distinctiveness）对典型性很重要，因此对概称句的量化分析也很重要。

　　从因果的角度分析概称句是一种很自然的想法。首先，从概率分析的角度，概称句可以视为归纳概括的表现形式。我们认为在稳定的概率归纳概括下隐藏着某种内在的原则性联系或因果关系，而这些概称句能够成立往往是由于存在因果关系。

第三章　其他情况均同律[①]

Ceteris Paribus（以下有时简称CP）来自拉丁文，直译为"其他情况相等"（other things being equal），在我国的科学哲学界被翻译为"其他情况均同"（王巍，2011）。在学术研究中，最早启用CP概念的是经济学领域，20世纪80年代，CP定律的提法在科学哲学和心灵哲学等领域开始崭露头角，逐渐发展成重要且有争议的课题。经济学领域引入CP定律是为了在给出定律性总结时对干扰性影响因素作出限定；科学哲学等领域引入CP定律也是出于类似的原因：由于在传统观点中被认为是普遍的、毫无例外的自然定律在很多时候却并非如此（如生物学、经济学等特殊科学的定律），为了说明特殊科学的科学正当性，自然定律被表达成加CP条件的形式。然而，CP定律的合理性却引发了科学哲学领域的争论，一些学者，如希弗（Schiffer, 1991）和伊尔曼等（J. Earman, J. Roberts and S. Smith, 2002）认为特殊科学没有真正的定律；相反，大多数学者支持更弱一点的观点：虽然没有严格的特殊科学定律，但特殊科学定律应该被归结为包含CP从句的定律。我国学者王巍（2011）对CP定律的存在合理性进行了辩护，同时反驳以伊尔曼等

[①] 本章在论文《排除式CP定律的形式刻画》（《逻辑学研究》，2015年第1期）、《CP定律的解释及其经济学起源》（《中央财经大学学报》，2015年增刊）基础上整理而成，有所修改和增补。

为代表的观点。

从逻辑学者的角度来看，且不管科学哲学等领域对于CP定律的合理性争论最终结果如何，CP条件的引入是为了表达可能存在例外的似律性结论，这本身是有意义的。而究竟如何合理地添加限定条件，既值得充分研究，同时也是这一争论之本，因为只有在对CP条件有相对一致的理解的情况下，才能展开真正的争论。在此观点下，本章展开了对CP定律刻画的调查和研究。在实际的应用中，根据不同的直观理解和用法，CP定律又可被分为比较式和排除式两种。比较式CP定律要求定律的前件或后件中没有提到的因素保持不变，排除式CP定律假定前件和后件的关联仅仅在某些因素被排除的条件下成立。有些CP定律同时是比较和排除的，大多数CP定律都可被归结为排除式。目前，已有的大多数形式刻画结果都是刻画排除式CP定律的。对于排除式CP定律的形式刻画，本章除了考察该领域已有的形式刻画外，还探讨将逻辑学领域中对概称句的刻画方法用于CP定律领域的可能性。对于比较式CP定律，我们将介绍Johan van Benthem等人的工作，并指出比较式CP定律比较适合刻画经济学等领域的定律。

本章分为五节。§3.1介绍CP定律及其解释，§3.2是CP定律的经济学起源，§3.3探讨排除式CP定律的形式刻画，§3.4探索排除式CP定律的概称句解释，§3.5探讨比较式CP定律的形式刻画。

§3.1 CP定律及其解释

在学术领域中，*Ceteris Paribus*的使用起源于经济学领域。1662年，威廉·佩蒂（William Petty）在《赋税论》中就提出过这一概念，1890年，阿尔弗雷德·马歇尔（Alfred Marshall）在《经济学原理》中正式使用"CP 定律"概念。经济学领域在表达定律时加入CP从句作为限制条件是为了对干扰性影响因素作出限定。与此类似，科学哲学家们发现，在传统观点中被认为是普遍的、毫无例外的自然定律，很多时候却并非如此，为了说明特殊科学的科学正当性，自然定律被表达成加CP条件的形式。然而，"CP定律"的合理性却引发了科学哲学领域的争论。从逻辑学者的角度来看，CP条件的引入是为了表达可能存在例外的似律性结论，这本身十分有意义。而要更合理地展开争论并充分应用CP定律，首先要对CP定律的解释进行充分的研究。为了对CP定律有更充分的认识，以下首先给出几个CP定律的例子：

（1）CP，气体温度的上升导致气体体积的（成比例）上升。

（2）CP，司机血液酒精浓度的增加导致该司机开车出事故的概率增加。

（3）CP，行星有椭圆轨道。

（4）CP，人们的行动是目标导向的，如果某人x想要A同时相信B是获得A的最优方法，那么x会尝试做B。

（5）CP，缺乏维生素C导致坏血症。

（6）CP，需求的增加导致价格的上涨。

从举例中我们看出，众多科学分支都存在着定律需添加限制条件的情况，即存在规律性陈述可表达成CP定律形式的情况。然而，同样是添加限制条件CP，在实际的应用中对CP条件却有不同的直观理解和用法。学者们首先区分了CP定律的比较式用法和排除式用法，而排除式CP定律又有确定和不确定之分。

§3.1.1 CP定律的分类

§3.1.1.1 比较式CP定律和排除式CP定律

尽管CP定律直译为"其他情况相等"，但在实际的应用中有不同的直观理解和用法，首先要区分的是CP定律的比较式（comparative）和排除式（exclusive）。

比较式CP定律要求定律的前件或后件中没有提到的因素保持不变，排除式CP定律假定前件和后件的关联仅仅在某些因素被排除的条件下成立。

CP从句的比较式用法来自 *Ceteris Paribus* 一词的直接含义"其他情况相等"。比较式CP定律假定如果所有与描述状态相关的其他（可能是未知的）X-独立的变元$Z_1, \cdots, Z_n$保持相同的值，一个"变元"X的值的增加/减少导致了另一个变元Y的值的增加/减少。前面给出的例子中（1）（2）是比较式用法；其中例子（1）为著名的盖吕萨克气体定律。

在哲学争论中，CP定律还经常被理解成与比较式用法不同的排除式涵义。一个排除式CP定律假定如果没有干扰因素的影响，某个陈述或事件类型A导致另一状态或事件类型B。卡特赖特（Cartwright, 1983, p. 45）指出，虽然CP直译为"其他情况相等"但可能被读作"其他情况是合适的"（other things being right）更适合。亨佩尔（Hempel, 1988, p. 29）称排除式CP从句为附带条件（provisos），即假定干扰因素被排除了。排除式CP 定律的例子有很多，前面给出的例子（3）（4）（5）是排除式用法。

比较式和排除式CP定律虽然有区别，但它们并非不相容：有些CP定律同时是比较和排除的，如来自理论经济学的例子（6）。没有被排除式CP从句限制的比较式CP定律又被称为不受限制的比较式CP定律，然而，不受限制的不变性陈述很少为真。因此，大多数CP定律都可被归结为排除式。

§3.1.1.2 确定的CP定律和不确定的CP定律

排除式CP定律又被区分为确定的（definite）排除式CP定律和不确定的（indefinite）排除式CP定律。确定的排除式CP定律其前件中被排除的干扰因素（或被要求的有效条件）是可列举的。换言之，确定的排除式CP定律"排除CP，如果A(d)，那么B(d)"可以严格地写成形式"对所有d，如果A(d)且C(d)，那么B(d)"，其中严格条件"C(d)"排除了确定的干扰因素的存在。伊尔曼等人（2002，p. 283）把确定的排除式CP定律称为懒惰（lazy）CP定律。

但大多数情况下，给出严格的限制条件是不可能的。如：排除CP，鸟会飞。

这种不确定的排除式CP定律被称为非懒惰CP定律。大多数学者倾向于认为，在哲学上讲，真正有意义的排除式CP定律是不确定的（如P. Pietroski和R. Rey, 1995, p. 84）。目前，排除式CP定律，尤其是不确定的排除式CP定律被研究得较多。

§3.1.2 CP定律的解释

由于绝大多数CP定律采取排除式用法，关于排除式用法的研究也相对较充分，已发展出趋向性解释、"完成者"尝试、不变性和稳定性理论等研究分支；也有一些解释同时兼顾了排除式用法和比较式用法，如正常性理论；还有一些解释重点关注比较式用法，如偏好理论等。其中趋向性解释反对定律可能有意外的说法，这一方向认为如果定律说明的是趋向性的话，意外的问题就消失了；"完成者"尝试（Fodor，1991；P. Pietroski and R. Rey, 1995）认为排除式CP从句所需的附加因素不能完全用特殊科学中的概念来形式化，这些遗失的因素被称为"完成者"，而把排除式CP定律精确化的最好方法就是把严格隐含的缺失的条件加到陈述的前件中去；不变性和稳定性理论的思路是由CP定律所限定的概括不是对所有可能的变元取值作限定，一个概括是稳定的或不变的，如果其限定仅仅是在可能值的有限域之中；CP定律研究领域的正常性理论的一般想法中包含了："CP，所有A是B"意味"正常地，A是B"，不同的正常性理论在解释"正常性"概念时又有所不同；Johan van Benthem等人（2009）还给出了"其他情况相等"即比较式用法的一个逻辑学刻画，这一刻画的本质是用模态逻辑和偏好逻辑的方法来处理"其他情况相等"。

关于CP定律的解释理论的评判，有两个最低要求，一是要通过CP条件的限定，避免规律的不有效；二是所作的限定不能导致平凡真。我们将在以下的章节中更为细致地对这些解释理论进行述评。

§3.2 CP定律的经济学起源

§3.2.1 CP定律的经济学起源

尽管科学哲学领域仍在争论CP定律的存在合理性，但在科学，尤其在生物学、经济学等"特殊科学"领域，CP从句已经在一定程度上得到了广泛的应用，而最早启用CP从句的是经济学领域。

在经济学情境下使用CP从句可以回溯到1295年的彼得鲁斯·奥利维（Petrus Olivi）。16世纪，胡安·德·麦迪纳（Juan de Medina）和路易斯·德·莫利纳（Luis de Molina）在讨论经济学问题时使用了*Ceteris Paribus*。1662年，威廉·佩蒂（William Petty）在《赋税论》中就提出了这一概念，并用*Ceteris Paribus*从句来限制他的劳动价值理论，这可能是英语出版物中第一次出现这个概念。

约翰·斯图亚特·穆勒（John Stuart Mill）虽然偶尔直接使用*Ceteris Paribus*，但他关于CP定律的观点是干扰因素的缺乏（the absence of disturbing-factors）。

约翰·艾略特·凯尔恩斯（John Elliot Cairnes）用*Ceteris Paribus*来表示如果获得正常条件"什么可能会或者有趋势要发生"，他指出："政治经济学的学说应该被理解成如下主张，不是将要发生什么，而是可能会或者有趋势要发生什么，在这一意义上，只有它们是真的。"

在19世纪晚期，CP从句的使用由阿尔弗雷德·马歇尔（Alfred Marshall）所提倡和推广。在经典名著《经济学原理》中，马歇尔用了一章来讨论经济学的方法，他的主要观点有：自然科学的各种规律的准确性是不同的。社会和经济的规律相当于较复杂的和精确性较差的自然科学的规律，一切科学的学说都暗含着假定条件：但这种假定的因素在经济规律中特别显著。马歇尔因此用被称作*Ceteris Paribus*的栅栏，隔离了那些带来不便的干扰因素。关于限制条件，马歇尔做了如下论述："当然，像其他科学一样，经济学研究某些原因将产生哪些结果，但这种因果关系不是绝对的，要受到以下条件的限制：第一，假定其他情况不变；第二，这些原因能够不受干扰地导致某些结果。几乎每种科学的学说，当它被仔细地和正式地说明的时候，无不包括某种针对结果假定其他情况不变的附加条件在内……"马歇尔还在书中花了一节来分析"正常的"一词。

§3.2.2 CP定律解释的经济学探源

以上我们首先对CP定律解释的研究分支进行了梳理，同时简单回顾了CP定律的经济学起源。从这些论述中可以发现，经济学领域对于CP定律研究的贡献不仅仅是最早启用CP定律这一点，事实上，当下科学哲学领域关于CP定律研究的一些理论也可以从经济学领域的论述中找到思想源头。

首先，根据当下的理论共识，CP定律从用法上讲主要可分为比较式和排除式，即"其他情况相等"的原始含义用法和"排除干扰因素"的用法，而这两种提法在马歇尔的《经济学原理》中已经可以看到："……但这种因果关系不是绝对的，要受到以下条件的限制。第一，假定其他情况不变；第二，这些原因能够不受干扰地导致某些结果。"

关于趋向性解释，也可以从凯尔恩斯的提法"不是将要发生什么，而是可能会或者有趋势要发生什么……"中找到对应。此外，在《经济学原理》中，马歇尔说："经济规律，即经济倾向的叙述，就是与某种行为有关的社会规律，而与这种行为有主要关系的动机的力量可以用货币价格来衡量。"这里也可以看到趋向性解释的思想。

而关于正常性理论，前面提到过，马歇尔的《经济学原理》用了专门的章节来论述和分析"正常的"一词的含义和用法。

经济学以及经济学哲学中对CP从句的应用不仅仅是历史兴趣。在近期的经济学哲学和经济学领域，CP从句的应用及相关的辩论仍是重要的话题：在经济学哲学的辩论中，人们已经普遍意识到，经济学概括是由CP进行限制的，然而，CP从句的解释仍旧有争议。与此同时，经济学家自己也使用CP从句。像*Ceteris Paribus*和other things being equal这样的表达在教科书中经常出现——通常有专门的章节来解释它们。

§3.1给出的来自理论经济学的例子"CP，需求的增加导致价格的上涨"是经济学中使用CP定律的典型例子，这一例子首先符合一个比较式用法的描述方式：如果所有与描述状态相关的其他x-独立的变元

z_1, …, z_n 保持相同的值，"变元" x 的值的增加/减少导致了另一个变元 y 的值的增加/减少。事实上，由于经济学学科的特点决定，大多数经济学定律是这样的比较式，同时，正如马歇尔所说，经济学定律除了要假定其他情况不变，还要排除干扰，因此，这些定律通常也是排除式用法。在目前的CP定律解释理论中，只有正常性理论和偏好刻画关注比较式CP定律的解释。其中Johan van Benthem等人的偏好刻画还可以应用于博弈论，解释纳什均衡等。以上是理论研究的结果，如何让这些理论结果在经济学领域得到真正的应用，需要更多更细致的工作。

§3.3 排除式CP定律的形式刻画

本节我们具体探讨当下比较有影响力的解释排除式CP定律的研究进路，具体包括"完成者"尝试、趋向性解释、不变性和稳定性理论和正常性理论等。

排除式CP定律"排除CP，A是B"是承认例外的，即有A不是B的实例。在科学哲学领域，学者们将重建排除式CP定律（包括限制比较CP定律）时面临的考验归结为一个两难困境（A. Reutlinger, G. Schurz and A. Hüttemann, 2014）：

困境一：如果排除式CP定律被重建为某种严格定律，则它们趋向于为假。如果假设该定律可以被形式化为全称量化的条件句，则对全称量化句的一个反例（考虑到干扰因素）就会使其为假。

困境二：如果我们取而代之将一个不确定的排除式CP从句加到该定律上，则它意味着"如果没有干扰，所有A是B"，则该CP定律又有缺乏经验内容的危险，因为它看起来并没有比"所有A是B或者并非（所有A是B）"多说什么。如果这为真，则排除式CP定律为分析真句子，也就是平凡真的。然而这对特殊科学定律来讲显然不是一个受欢迎的结果。

或者不有效，或者平凡真。如何能避免这两种状况，在二者之间取得平衡，是科学哲学领域的专家认为每个关于CP定律的理论都需要解决的挑战性问题。

§3.3.1 "完成者"尝试

完成者（completers）研究方向由福多（Fodor）、派卓斯基（Pietroski）和雷伊（Rey）等给出。这一方向认为把排除式CP定律精确化的最好方法就是把严格隐含的缺失的条件加到陈述的前件中去。加条件又有两种可能性：一是对定律中所包含的一阶变元的合适的描述，这导向的是确定的排除式CP定律（或说懒惰CP定律）；另一种可能性是通过在一阶谓词变元上做二阶量化的方式来加条件，这导向的是不确定的排除式CP定律。

具体而言，福多的想法是排除式CP从句所需要的附加因素不能完全用特殊科学中的概念资源来形式化，尽管（理论上）在某些像神经生理学或者基础物理学这样的基础科学中可能可以这样做。福多把这些遗失的因素称为"完成者"，并对CP定律给出如下刻画：

CP(A→B)为真当且仅当或者（1）对A的每个实现者（realizer）存在一个完成者C使得A&C→B，或者（2）如果对A的一个实现者R_i不存在这样的完成者，则在关于A的网络中一定存在很多其他的定律使R_i有完成者。（J. Fodor, 1991, p. 27）。

福多还对完成者需满足的条件进行了总结：

一个因素C是与A的实现者R和后承谓词B相关的完成者，

当且仅当：（1）R和C对B是严格充分的；（2）R本身对B不是严格充分的；（3）C本身对B不是严格充分的（J. Fodor, 1991, p. 23）。

福多试图用普通的真条件来解释CP定律。派卓斯基和雷伊（P. Pietroski and R. Rey, 1995, p. 92）则进一步定义了CP定律是非-虚空真（non-vacuous truth）：

CP(A→B)是非-虚空真的，当且仅当（1）A和B在其他方面都满足律则且（2）对所有x，如果Ax，则（或者Bx或者存在一个独立确定因素可以解释为什么¬Bx），且（3）CP(A→B)至少解释了条件（2）的一部分。

完成者方向的尝试并不那么让人满意。伊尔曼等人（J. Earman and J. Roberts, 1999, p. 454）论证了派卓斯基和雷伊的尝试不能逃离虚空真的问题，舒尔茨（G. Schurz, 2001）则证明了这种尝试是几乎虚空（almost vacuous）真的。除此之外，完成者尝试还面临偶然真的例子在这样的CP定律定义下也可能为真的问题。

§3.3.2 趋向性解释

约翰·斯图尔特·穆勒（John Stuart Mill）反对定律可能有意外的说法，他认为如果定律说明的是趋向性（dispositional）的话，意外的问题就消失了。例如定律如果写成"所有重物都会落地"，那么气球由于空气的承托作用就会成为反例，而如果写成"所有重物都趋向于下落"问题就解决了。卡特赖特（N. Cartwright, 1989, p. 190）等人继承了这一想法。趋向性解释将定律重建如下："CP，所有A是B"意味着"所有A趋向于B"。

对于趋向性解释的质疑主要集中在以下两点：（1）趋向、趋势等可以没有被证明而被表达出来（J. Earman and J. Roberts, 1999, p. 451）；
（2）趋向性解释是否可以真正地避免排除式CP定律所要面临的两难。

§3.3.3 不变性和稳定性理论

不变性和稳定性理论（Invariance & Stability Theory）的思路是由CP定律所限定的概括不是对所有可能的变元取值作限定。一个概括是稳定的或不变的，如果其限定仅仅是在可能值的有限域之中。科学哲学领域通常用"稳定性"表示兰格（Lange）的定律稳定性理论，用"不变性"表示伍德沃德（Woodward）和希区柯克（Hitchcock）的定律不变性理论。稳定性和不变性研究方向的差别在于如何来确定可能值的限定域。

稳定性理论（M. Lange, 2000, 2002, 2005）认为，物理学中的全称基础理论和不精确的特殊科学中的CP定律仅仅是在程度上有所不同。全称定律和CP定律的定律性要归因于相同的性质：它们的稳定性。直观上，某一命题L是定律当且仅当在所有与每一个物理必然性相一致的反事实假定下该命题都保持真，即在所有物理可能的反事实假定下都真。而CP定律是限定在一个科学规律目的下的稳定命题（集）。不变性方向同样把不变性或者稳定性当作执行一个定律的角色以及进行解释和描述时的关键性质。兰格理论中的不变性在伍德沃德和希区柯克这里意味着在一些（不必要是全部）反事实假定下为真。

尽管基本观点一致，但两种理论有非常清楚的不同之处。兰格的理论开始于稳定性的最大化，即先定义所有与物理定律相一致的可能的反事实情况下成立的定律，然后再根据实用主义目的对其进行削减；而伍德沃德和希区柯克开始于最小稳定性，即对某些命题L的测试干预条件的可满足性，之后随着对l而言成立的可能干预数的增加，在L的最小稳定性上添加不变性程度。

§3.3.4 正常性理论

正常性理论的一般想法中包含了："CP，所有A是B"意味"正常地，A是B"（normally As are Bs）。它们也可以与比较式解释相组合成为正常比较定律陈述，如"正常地，X的增长导致Y的增长，当其他X-独立变元恒定成立时"。然而，不同的正常性理论在解释"正常性"概念时又有所不同。一种解释是以给定前件谓词后，结果谓词的高概率形式来解释正常性条件，其中潜在的条件概率是基于对发展趋势的客观统计概率。另一种解释以信念的程度和可能世界上的等级函数来解释正常性条件。

对于第一种解释，舒尔茨（G. Schurz, 2001）把非物理科学中的CP定律分析成形式为"A正常地是B"（As are normally Bs）。依据统计结果论题，正常定律暗示着数值上非特殊化的统计概括"大多数A是B"，而这可以被经验测验。统计结果论题为认知科学家约翰·麦卡锡（J. McCarthy, 1986）等所挑战。舒尔茨（G. Schurz, 2001）通过进化理论论证对统计结果论题进行了辩护。

另一种用"正常"理解"CP"的方向由斯庞（Spohn, 2002）给出。斯庞认为*Ceteris Paribus*意味着"其他情况正常"（other things being normal），因此这一研究方向又被称为正常条件方向。正常条件方向的基本想法是一个CP定律L在正常条件下成立。在斯庞的理论中正常性被解释为背景条件，而不是以前件谓词和后件谓词之间的概率关系给出。如果某人相信定律f(X)=Y成立，则他相信这一函数关系在正常条件N下成立，如果以斯庞的等级函数来表示，这意味着定律f(X)=Y是0等级的被相信，即它在一个等级世界模型的所有正常世界中为真。这样的一个分级世界模型包含一集可能世界上的分级函数，它赋予每一个世界一个自然数0, 1, …, n。等级为0的世界是最正常的世界，等级为1的世界包含正常条件的例外（第一度例外），等级为2的世界包含这些例外的例外（第二度例外），等等。

§3.4　排除式CP定律的概称句解释

§3.3介绍了四种试图对CP定律进行解释的研究方向。与此平行，在逻辑学和语言学等领域，近年来，概称句推理的研究方兴未艾，已发展出多种理论。概称句如"鸟会飞""种子发芽"等，表达具有一定普适性的规律，同时容忍例外，此外，概称句还具有内涵性，如"俱乐部的会员在危难时刻互相帮助"，即使从未出现危难时刻，该句还是可以为真。我们可以发现，概称句的涵盖范围很广，科学定律、常识、惯常句等都是概称句的研究范围。其中科学定律可以说是最严格的概称句种类之一。从这个角度来看，可以尝试将概称句领域已有的研究结果应用在对CP定律的解释上。对概称句进行解释的尝试有很多，其中对全称句作限制的就有相关限制、不正常限制、典型说、模态条件句方向、双正常语义、概率方向等等。

与科学哲学领域中对CP定律的解释要解开两难困境类似，概称句领域也有相应的理论验证问题，概称句：（1）表达具有一定普适性的规律；（2）容忍例外；（3）具有内涵性；（4）解释应避免循环定义；（5）解释沉溺问题[①]。以下介绍三种具有代表性的研究方向。

---

① 对于概称句"孔雀生蛋"和"孔雀有华丽的羽毛"，人们一般认为这两个概称句都是真的，尽管只有雌孔雀生蛋，只有雄孔雀有华丽的羽毛，而雌孔雀和雄孔雀分别对应的个体集是不相交的，如果两句话的主项解释相同（或说对应了相同的个体集），就会出现问题。这一现象通常被称为沉溺问题（drowning problem）。

§3.4.1 双正常性语义

双正常语义，由周北海和毛翊提出。Mao（2003）详细地分析论证了，单用"正常的"和单用"正常的情况下"作限制都不足以刻画概称句。以"鸟会飞"为例，假设鸟处在一个大气压力异常的环境，鸟儿无论怎样挥动翅膀都不能飞了，那么，即使再正常的鸟，也不会飞，这说明我们需要对概称句加"正常情况"限制。而如果在气压、天气等条件一切正常的环境里面，断了翅膀的鸟还是不会飞的，这说明我们需对概称句的主项加"正常"限制。

基于这样的分析，Y. Mao和B. Zhou（2003）指出概称句SP的直观意思是："对任意的个体x，如果x是相对于P或非P来说正常的S，那么，在正常情况下，x是P。"他们同时给出了概称句SP的典范解释：对所有主谓结构的概称句SP，都可以被精确化为"S（在正常情况下P）"。如果S是复数名词，又可进一步精确化为"（正常的S）（在正常情况下P）"。这一形式包含了两层全称概括，外层的全称概括作用于相对于主谓项的正常个体，内层的概括作用于相对某个正常个体的正常环境。以"鸟会飞"为例，不会飞的不正常的鸟被外层的全称量词略去，正常的鸟在不正常环境里而不会飞的现象由内层的全称量词排除。具体地，两个"正常的"分别用两个不同的模态算子来刻画。双正常语义能够满足上述的5个条件。

§3.4.2 划界说

非单调推理研究中另一分支划界说（circumscription, J. McCarthy, 1980），把"鸟会飞"解释成：如果"x是鸟"，而且x相对于"会飞"来说不是不正常的鸟，则可得出结论"x会飞"。简化来讲，这一理论引入了表示"不正常"的谓词常元Ab，将"鸟会飞"表示为$\forall x$(鸟$(x) \wedge \neg Ab(x) \to$ 会飞(x))。巴斯蒂安斯和费尔特曼（H. Bastiaanse和F. Veltman, 2016）在这一方向下，对J. McCarthy（1980）的解释有了一些改进。他们将"鸟会飞"形式化为$\forall x(Px \wedge \neg Ab_{Px, Qx} x \to Qx)$，这意味着在选择"不正常的鸟"时，"鸟"和"会飞"将同时作为参数。这样的解释使得沉溺问题得以被处理，但由于解释中没有模态成分，所以仍不能表达出概称句的内涵性。换言之，对于巴斯蒂安斯和费尔特曼的解释可以体现上述条件的（1）（2）（4）（5），但并未体现（3）"概称句具有内涵性"这一特点。

§3.4.3 概率方向

科恩（Cohen, 1999）认为概称句的真要求足够多的相关个体满足谓项的相关性质，他的研究重点就在于怎样解释足够多。科恩通过考察相应的现实世界的实例为真的概率来确定概称句的真值。[①]科恩首先引入了参考（alternative）集概念，参考集要根据关注点、预设和概称陈述的话题来决定。例如："狗是哺乳动物"的参考集是 {哺乳动物，鱼，爬行动物，鸟}，该句话为真要求相对于参考集中的动物的不同门类来说，狗是哺乳动物的概率大于50%。基于这一直观，科恩给出定义：

> $gen(\psi; \phi)$表示概称句，其中ψ, ϕ表示性质。令A= ALT(ϕ)是ϕ的相关参考集。$gen(\psi; \phi)$真，当且仅当，$P(\phi \mid \psi \wedge \vee A) > 0.5$，$P(\phi \mid \psi \wedge \vee A)$表示给定$\psi \wedge \vee A$后$\phi$的

---

① 科恩把概称句分为绝对读法（absolute reading）和相关读法（relative reading）两种。其中相关读法的引入是想解释"法国人吃马肉"这样的概称句。为了集中注意力，在不影响本文讨论内容的情况下，这里只介绍科恩对绝对读法的刻画。

概率，而∨A是A中所有性质的并集（可能是无穷的）。

这样的定义存在着问题，从直观上讲，"人大于三岁""蜜蜂是不能生育的"等都是假的。但是，由于这些句子都满足$P(\phi|\psi \wedge \vee A)>0.5$这一条件，按定义它们却是真的。科恩为此引入了相关论域上的**同性质限制**（homogeneity constraint）、**显著划分**（salient partition）等概念试图解决问题。科恩的解释对上述条件中的（1）（2）（4）（5）都有所考虑，但由于概率方法本身的特点决定，对于突出体现内涵性的概称句"这台机器榨橙汁""小张处理从南极洲来的信件"等而言（现实生活中的实例可能为假），科恩的理论无法做出合理的解释。

小结：如前文所述，概称句表达具有一定普适性的规律，同时容忍例外。科学定律、常识、惯常句等都在概称句的研究范围之内。从概称句研究的视角来看，科学定律是最严格的概称句类型之一，因此，可以尝试用概称句解释刻画CP定律。基于此，以上相当于介绍了7种对CP定律的解释，其中4种来自CP定律研究领域已有的理论，3种来自概称句领域。这里的分类并不精确，例如来自概称句领域的双正常语义以及巴斯蒂安斯和费尔特曼的划界说理论可以同样被划归为正常性理论，因为它们也共享"正常"解释这一直观。以下对结合概称句语义对CP定律的解释和评判标准做进一步分析。

§3.4.4 排除式CP定律刻画的检验标准

§3.3提到了排除式CP定律的两难困境：或者不有效，或者平凡真。如何能避免这两种状况，在二者之间取得平衡，是科学哲学领域的专家认为每个关于CP定律的理论都需要解决的挑战性问题。同样地，在概称句研究领域也有相应的理论验证问题：（1）表达具有一定普适性的规律；（2）容忍例外；（3）具有内涵性；（4）解释应避免循环定义；（5）解释沉溺问题。可以看出概称句领域归纳的（1）（2）（4）可以涵盖CP定律领域的两难困境问题，而条件（3）（5）是否也是CP定律所需要满足的？科学定律是概称句中的一类，不一定要满足概称句的所有刻画标准。

首先来看（3）具有内涵性。对于§3.1中提到过的CP定律的例子"CP，需求的增加导致价格的上涨"，完全可以出现现实生活中需求从未增加的情况，同样需要内涵解释，而不是完全依据现实世界的实例来看。而在CP定律已有的研究分支不变性和稳定性理论中，兰格认为某一命题L是定律当且仅当在所有与每一个物理必然性相一致的反事实假定下该命题都保持真，即在所有物理可能的反事实假定下都真。而物理学中的全称基础理论和不精确的特殊科学中的CP定律仅仅是在程度上有所不同。这里提到了反事实假定下成立表明CP定律中有理论同样考虑内涵性问题。

对于（5）解释沉溺问题。对于"孔雀生蛋"和"孔雀有华丽的羽毛"这两个例子，它们还不能被称为科学定律，因为有可以用简单语言描述的条件被省略掉了，如在相对严格的科学语言下，完全可以说"雌孔雀生蛋""雄孔雀有华丽的羽毛"，这样沉溺问题在CP 定律这里就不成为问题了。

根据以上分析，本文认为，对于CP定律的解释，（3）"具有内涵性"应该体现，（5）"解释沉溺问题"则可以不用特别考虑。换言之，（1）"表达具有一定普适性的规律"，（2）"容忍例外"，（3）"具有内涵性"，（4）"避免循环定义"应作为判定CP定律的解释和理性的标准。

如果不考虑内涵性的刻画，本文中介绍的三种概称句处理方法均可以满足条件（1）（2）（4），即满足CP定律领域原来的处理两难的标准。而如果考虑内涵性刻画这一要求，则双正常语义可以同时满足

（1）（2）（3）（4）条件，而对于CP定律研究领域的4个研究方向而言，除了已有的评论，正常性理论中舒尔茨的"大多数解释"及概率统计处理也无法体现内涵性。

§3.5　比较式CP定律的形式刻画

除了排除式用法，学者们对CP定律的比较式用法也有一些探索。如前所述，CP定律的正常性解释也可以与比较式解释相组合成为正常比较定律陈述，如"正常地，x的增长导致y的增长，当其他x-独立变元恒定成立时"。而对比较式CP定律的一个较为深入的研究见Johan van Benthem等人（2009）。

与科学哲学领域中区分排除式CP定律和比较式CP定律类似，Johan van Benthem等人结合偏好逻辑的研究区分了"其他情况均同"的两种含义：（1）所有其他情况正常，（2）所有其他情况相等。其中，"所有其他情况正常"表达了在给定正常条件下满足的偏好，因此它与非单调推理和认知与信念的合理性相关；"所有其他情况相等"表达了在确定事实保持不变情况下满足的偏好。这里的"所有其他情况正常"对应的是前文所述的排除式用法；而"所有其他情况相等"对应的是前文所述的比较式用法。

Johan van Benthem等人认为，目前的基本偏好语言并不足以描述更为细致的其他情况均同，在此情况下，可以将"其他情况均同"理解为"所有其他情况相等"，这里的"相等"意味着关于其他情况的可替代情况相互等价。为了实现对"相等"的解释，他们将把偏好基本语言的模态词转化为由"其他情况"所给定的等价类，将可能世界空间划分为多个等价类并忽略等价类之间的比较联系。在此基础上，Johan van

Benthem等人给出了一个其他情况均同偏好的模态逻辑，该逻辑能够表达基于"所有其他情况相等"理解的其他情况均同偏好。这一刻画的本质是用模态逻辑和偏好逻辑的方法来处理"其他情况相等"，技术上，取偏好关系和模态等价关系交集，直观上是把可能性的空间分成不同的等价类同时忽略这些类内部的比较。

§3.2.2提到，由于经济学学科的特点，大多数经济学定律是"CP，需求的增加导致价格的上涨"这样的比较式（当然，这些定律通常也是排除式用法）。而20世纪上半叶起，"偏好"的正式概念已经在许多学科中被运用，尤其是在经济学和社会选择理论中，偏好逻辑也在经济学、社会选择理论、计算机科学等现代科学中引发了学者们很大的研究兴趣，偏好逻辑在博弈论解的逻辑研究中被证明是有作用的，例如逆向归纳法和纳什均衡。Johan van Benthem等人的工作结果可以被看作偏好可用于经济学领域的又一个例证。

第四章 含糊性问题[①]

含糊性问题是近年来语言学、哲学、逻辑学、认知科学等多领域共同关注的问题。含糊表达，如高、矮等，总是存在一些边界例子，我们不好判断这些例子是否满足含糊表达的性质。例如，如果李四不是高到明显高，也不是矮到明显矮，那么我们该如何界定"李四高"这句话的真假？与此同时，含糊表达还会导致累积悖论，比如，我们知道身高2.26米的姚明是高个子，那么比姚明矮0.01米的赵亮也是高个子，比赵亮矮0.01米的陈星也是高个子，照此推下去，身高1.36米的刘太白是否还是高个子？显然我们会认为这样的结论值得商榷，那么，这一系列的推理到底在哪里出了问题？不同领域的学者从多角度给出了很多不同的解释方案。

本章首先对含糊性问题、累积悖论研究现状及主要研究进路做一个整体的介绍，之后给出一种基于人类认知的具体解释思路，最后由含糊性问题的研究延伸出去，反过来探索一下含糊性问题研究所引发的关于内涵与外延之辩。

本章分为三节。§4.1是含糊表达及累积悖论，§4.2是含糊表达的一个三值解释，§4.3是含糊性问题的内涵与外延之辩。

---

① 本章在论文《含糊性及累积悖论研究》（《哲学动态》，2013年第10期）、《内涵与外延之辩：基于含糊性语义解释演进的分析》（《逻辑学研究》，2021年第2期）基础上整理而成，有所修改和增补。其中§4.2是未发表的内容。

§4.1 含糊表达及累积悖论

含糊表达（vague utterances），例如高、矮、贵、秃[①]等等，这些表达的特点在于：

（1）**存在一些边界例子（borderline cases）**。我们不好判断这些例子是否满足含糊表达的性质。例如，如果李四不是高到明显高，也不是矮到明显矮，则他是一个边界例子。

（2）**包含含糊表达的含糊句的真值判断有很强的语境依赖性**。如刘翔是高的，相对于中国人的平均身高，这句话当然为真，而如果相对于篮球运动员来说，这句话的真假判断将会有所改变。

（3）**含糊表达会导致累积悖论（sorites paradox）**。[②]例如，有0根头发的人是秃头；如果有n根头发的人是秃头，则有$n+1$根头发的人是秃头……由此一直推下去，我们甚至可推出：有100,000,000根头发的人是秃头。但这个结论显然不为我们所接受。问题出在哪里？是前提中包含假命题，还是推理过程有误？一个完整的含糊性研究理论需要对含糊表达进行语义分析，给出含糊句的真条件，同时给累积悖论现象以合理的解释。

含糊表达在自然语言中随处可见，尽管很多时候被认为是语言的不足之处，实际却是成功交流的核心成分之一。含糊性问题的研究从20世纪70年代开始兴旺起来[③]，20世纪90年代，索伦森（R. A. Sorensen）和威廉姆森（T. Williamson）等定义了含糊性的认知概念，引起了大规

[①] 除了正文中所举的形容词，还有"多""少"这样的词，"很"这样的副词，等等，本文为简化问题，讨论范围仅限在处于主谓句中谓词位置的含糊形容词。

[②] 累积悖论，又称沙堆悖论、秃头悖论，最早由亚里士多德同时代的逻辑学家欧布里德（Eubulide）提出，在标准的古希腊语中，sōritēs的意思是heap。在含糊性问题研究中，研究者试图从新的视角重新诠释这一悖论。

[③] 现代逻辑发展初期，皮尔斯、罗素等人就曾探讨过含糊性问题。

模的哲学争论，自此更多的学者开始关注这一问题。而今，含糊性问题仍是逻辑学、语言学等领域的热门题目，是欧美很多逻辑、语言及认知研究所的在研课题。本文将重点述评这一领域最具代表性和影响力的几个研究分支：三值逻辑方案、模糊逻辑（fuzzy logic）方案、超赋值（supervaluationism）方案、认知主义方案等。文末还将简要介绍其他三个有影响力的研究分支。

§4.1.1 三值逻辑

含糊性问题研究首先要解释包含边界例子的含糊句的真值问题。对于不是明显高，也不是明显矮的李四，含糊句"李四是高的"究竟是真是假？或是存在真和假之间的中间值？

据此，把三值逻辑用于含糊性问题研究是一种很自然的想法。设定含糊句有三种值：T（真）、F（假）、I（不定），其中I用来对应边界例子所带来的不真不假的中间状态。哈尔登（S. Halldén）最早用三值逻辑来处理含糊性问题，后来科纳（S. Korner）、塔伊（Tye）等人也对此问题作了进一步探讨。

这种三值解释从直观上比较容易被接受，但在具体技术处理上却面临着巨大的挑战。例如，对于介于粉和红之间、大和小之间的一个液滴：

（1）该液滴是粉的；

（2）该液滴是红的；

（3）该液滴是小的。

在三值逻辑下，（1）（2）（3）均取值为不定I。但根据直观我们有 $a \wedge b = F$，$a \wedge a = I$，$a \wedge c = I$，这意味着，它们虽形式上同为 $I \wedge I$，却有着不同的真值。范启德（K. Fine）据此提出了半影联系（penumbral connection）的概念（即真值不定语句上的真值联系），他指出："如果把语言看作一棵树，半影联系是树开始生长的起点：种子。因为它提供了一个关于真值的初始库，它在整个生长过程中一直被保留……半影联系是伸展在整个语言中的一张网。"（Fine, 1975, pp. 275-276）这种三值处理方式不能给半影联系以合适的解释（Fine, 1975, pp. 269-271）。除此之外，三值逻辑还需面对另一个问题：我们因为边界例子而引入第三值不定，为的是刻画真和假之间的模糊地带，但真和不定、假和不定之间的界限又在哪里？例如，对命题p，如果可取真、假、不定三种值，那么"p取不定值"的真值是真还是假还是不定呢？如果取不定，就有了二阶含糊，以此类推还有三阶、四阶、五阶……这个问题被归结为高阶含糊性问题。

有关累积悖论，持三值逻辑观点的塔伊（Tye, 1990）认为，引入第三值可以解释累积悖论。该悖论结论为假，并不是因为它的推理过程无效，而是因为其前提至少有一个非真（或假，或不定）。根据塔伊的三值真值表设定，蕴涵式的一个支命题取不定值，则整个蕴涵式就取不定值。所以，当"有$n+1$根头发的人是秃头"取不定值时，累积悖论的第二个前提"如果有n根头发的人是秃头，则有$n+1$根头发的人是秃头"也取不定值。

由于三值逻辑方向在技术处理上遇到明显的问题，其发展就这样看起来搁浅了。然而把三值逻辑和含糊性连接起来又是如此自然，如果考虑在经典三值解释的基础上引入情境、典型例子以及容忍度等参数，则有可能更好地解释半影联系以及高阶含糊性问题。在§4.2中将对此给出一些作者进一步思考和探索的结果。

§4.1.2 模糊逻辑

模糊逻辑由美国数学家扎德（L. Zadeh）发展起来。[1]模糊逻辑提供了完美真和完美假之间的过渡。区别于以往的二值，模糊逻辑在完美真（1）和完美假（0）之间引入了无穷多的真值。边界例子正介于0和1之间，例如：作为边界例子的李四高其真值可能取0.76。

模糊逻辑之所以会被一些学者用来处理含糊谓词，是因为：（1）含糊谓词没有锋利的边界，因此有穷数量的真值看起来是不够的；（2）它可能可以以比较级的形式来讨论（含糊词如高、矮等与比较级密切相关）；（3）真值是组合的；（4）可以处理累积悖论。

首先来看语义解释方面。先抛开这些精确的数字赋值是从哪里来的问题。模糊逻辑和三值逻辑一样需要面对：

（1）在模糊逻辑下，如果李四高的真值为0.5，则李四不高的值也为0.5，所以，李四高合取李四不高的值也为0.5。但直观上，后面这句话的应取值为0。

（2）半影联系：设小红高的值为0.4，李四不高的取值仍为0.5，则根据模糊逻辑，（*a*）"小红高且李四不高"和（*b*）"如果小红高则李四不高"的值都是0.4，但直观上（*a*）一定为假。

（3）模糊逻辑的研究者有时声称他们可以直接处理比较级[2]。他

---

① 埃丁顿（D. Edgington）等给出了无穷值理论，扎德给出了模糊集理论。其中无穷多值理论把真假看成一种程度问题，并通过[0, 1]之间的取值来标识命题的真值程度；模糊集合论把语义概念看作一个模糊子集，论域内的元素和语义概念间存在一种隶属关系。这两种理论在处理上有些许差别，在原理上相似，而扎德的模糊逻辑影响力最大，这里不做具体区分。

② 比较级问题的讨论，是含糊性问题研究中一个分支，以高、矮为例，是先有比较高、比较矮，才有高、矮的概念，还是先有高、矮，才有比较高、比较矮的概念，这是该研究分支中的热点讨论问题之一。

们这样分析比较级：对于张三比李四高，他们分析成张三高比李四高更真。但事实并没有想象中乐观。假设张三身高2.0米，李四身高1.98米。尽管张三比李四高点，直观上张三高和李四高应为一样（equally）真的，但模糊逻辑的处理结果却并非如此。

对于累积悖论，模糊逻辑下有两种处理方式：如果后承关系是要保持完美真，则由于归纳前提都是将近1（almost 1），自然推不出结论；如果后承关系是要保持一定程度的真，则在此分析下"→"不传递。

值得一提的是，Smith（2008）给出的模糊多重赋值理论认为，一个边界语句并不具有独一无二的真假值，对同一个语句的许多不同赋值方式都是正确的。史密斯（N. J. J. Smith）在多重赋值理论基础上给出的解悖理论更为细致，但他的有效性定义则仍旧不可避免地存在上述问题。

由于模糊逻辑采取数值处理方式，因此一直在计算机领域有较好的应用。然而，精确数值处理并不直观，同时它所面临的技术问题不少于三值逻辑。[①]

§4.1.3 超赋值理论

三值逻辑方向和模糊逻辑所遇到的技术问题，看起来像是这两种"平面化"的处理方式所不能逾越的，因此，范启德等人试图把解释"立体化"，引入带规范空间（由集合和偏序关系组成）的超赋值（supervaluation）理论来处理含糊性问题。Fine（1975）的理论首先预设：不定能通过扩充/精确化达到完全。进而，他定义了超级真：一个含糊句为真当且仅当其在所有使其完全精确的方式下都真。超赋值的直

---

① 如本部分列出的模糊性方向需要面对的问题（1），有时又被称为有效性问题，该问题三
　值逻辑的应对比模糊逻辑的要好些。

观是，不管李四高在我们眼中取值如何，在一个完全精确的赋值下，李四总是或者高，或者不高。对于粉和红、小和大之间的液滴，为什么我们会认为该液滴是粉色的且是红色的为假而该液滴是粉色的且是小的真值未定，范启德认为，原因就在于在使谓词的意思更精确的过程中，又粉又红是很难精确的，而又粉又小则可以精确。

范启德建立了一个含糊语义的成熟系统。超赋值理论保留了经典逻辑，排中律仍成立；同时半影联系的例子得以解释。此外，超赋值理论给出了对边界例子和情境的关系的一种解释。除了在真值定义上有差别，超赋值理论逻辑和语义后承概念还是和经典逻辑一样的。此外，超赋值理论通过认定第二个前提"如果有n根头发的是秃头，则有$n+1$根头发的是秃头"是（超级）假，消除了累积悖论。

Fine（1975）是含糊性推理研究中的一个典范之作。然而该之中提出的理论仍旧存在不少问题。首先，该理论的提出依赖于一个假设：**不定能通过扩充/精确化达到完全**（定义上表现为预设了存在完全、可容的规范）。这个预设存在着某个可能遥不可及的理想状态，是否合理，值得商榷。对于累积悖论，该理论没有对为什么我们不能马上认识到累积论证的第二个前提是假的给出很清楚的解释。超赋值理论对高阶含糊性也不能很好地处理。

§4.1.4 认知主义

认知主义由威廉姆森（Williamson, 1994, 2002）、索伦森（Sorensen, 1998, 2001）等所主张，其中，威廉姆森发表于1994年的专著《含糊性》影响最大。他在书中引入了"无知""非精确知识""误差区间原理"等几个关键词，指出含糊语词的外延是有明确界限的，只是人们不知道这些边界在哪里而已。人们这种对于一个含糊词是不是能应用于边界例子的迟疑被归因于人的无知。例如，在这一观点下，对每个人来说，这个人老或者不老，有个事实摆在那，只是有时人们对这一事实是无知的。该观点一出便引起了激烈的哲学讨论，杰克森（F. Jackson）、格瑞·雷（Grey Ray）等纷纷撰文反驳（张爱珍，2010）。

认知主义完好地保持经典逻辑的定理，包括排中律。以"李四高"为例，出现边界例子是因为我们只是部分理解了高的涵义。在认知主义的解释下，边界例子被化归为无知的实例。对于累积悖论，认知主义认为：因为有明确的边界，所以第二个前提"如果有n根头发的是秃头，则有$n+1$根头发的是秃头"并非在所有情况都真，前提假导致推理结论为假。同时，认知主义把我们愿意接受累积悖论解释为知识获取的一般限制。

认知主义在技术处理上并没有新的突破，由于认知主义承认二值，因此其基础仍为经典逻辑。但认知主义对含糊表达的解释引起了广泛的大讨论，争论的关键在于这样的处理是否可以真正把人们对边界例子以及累积悖论的困惑消除掉。

§4.1.5 其他解释

除了这些解释之外，目前较有影响力的研究分支很多，如语用晕理论（Pragmatic halos, Lasersohn, 1999），莱夫曼（Raffman）的情境主义理论（Raffman, 1996）以及范·罗伊（van Rooij）等人的容忍度理论（Tolerance, van Rooij, 2011, 2012）。

其中，语用晕理论认为，语言中的每个表达式都被指派一个外延，设定语用情境把这个外延与和该外延有相同逻辑类型的一集对象联系起来，则该集合中的每个对象都被理解为与这个外延仅在该情境下有某些方面的可忽略的差异（该外延自己自然也在此集合之中）。

情境主义理论认为含糊谓词既依赖于情境（context-dependent），同时又随情境改变而改变（context-changing），而情境依赖又可以细化为三个因素：（1）情境标准（如"高"要有个最低标准）；（2）参照比较类（在什么范围下讨论）；（3）对话或其他目的。以情境分类为侧重点，情境主义发展出相应的理论。

容忍度理论把边界例子的说法替换为引起容忍的谓词：对微小的变化不敏感。该理论认为，如果把容忍概念引入，在这一视角下，之前的很多研究对累积的处理都是错误的。而事实上，归纳前提所陈述的正是相关谓词是容忍的。对于累积悖论的处理，这一研究分支的具体做法是要放弃后承是传递的这一点。

小结：以上评述了几种对含糊性问题解释的不同尝试——从引入不定值来刻画边界例子的三值逻辑方向，到把真假看成程度问题的模糊逻辑方向，以及引入在所有情况下都为真才是超级真并尽量保留对二值直观理解的超赋值理论，还有把含糊性问题归因于人类认知局限，纯粹还原到经典二值的认知主义。这些理论分别从各自的角度试图解释边界例子的出现以及累积悖论的成因，但面对边界例子赋值、累积悖论的解释、高阶含糊性等难题时表现得各有得失。当下正活跃的情境主义和容忍度理论等，其研究成果仍需等待时间的积淀和评判。

§4.2 含糊表达的一个三值解释

§4.2.1 基于人的认知的含糊性问题研究

前面介绍的几个研究分支中，认知主义认为人们对边界例子的迟疑是因为人的无知，因此仍旧启用经典逻辑；超赋值理论的研究则基于预设：**不定能通过扩充/精确化达到完全**，在超级真、超级假的定义之下，仍旧保持了经典二值逻辑。这些想法均有一定的合理性，但研究的视角是从"上帝"的逻辑的视角出发的；而我认为研究含糊性的重要意义在于探讨人类认知状态，人类的认知最有特色的地方就在于学习、推理过程中的容错性和模糊性。而要想尝试部分地揭开这个谜题，我们的立足点应该是借用形式分析的工具来刻画 "不完美"的人的认知过程。

三值逻辑和模糊逻辑在含糊性问题研究上的应用是基于人们认知含糊性研究的尝试。但是上文提到，这两个尝试目前都有一些"致命"的问题。这里再从直观上对两个方向做一些分析。

模糊逻辑因其实用性一直在计算机领域很受欢迎，但是类似0.76这样的精确数字并不符合人类的认知习惯，我们需要做的正是试图找到与精确概率方法有所不同的处理方法。

经典三值逻辑在处理半影联系上出现了问题。但不可否认的是，真、假、不定的区分一眼望去是最符合直观的。本文是三值逻辑下的一次尝试，而由于函数M以及**典型例子**（prototype）的引入，与经典三值逻辑有所区别。

§4.2.2 语义解释

§4.2.2.1 直观

区分真、假和不定的三值符合当下人类认知的状态，但具体的判断要受到语境因素、主体的分辨能力、背景知识等影响。为此，在形式化处理时应当保留真、假、不定三种状态的直观，同时尽量体现语境、分辨能力、背景知识等要素。

关于语境因素，如"刘翔是高的"相对于中国人的普通身高和相对于篮球运动员的身高，其判断是有所差别的。这里用论域D的选取来表达范围的限定。

关于主体的分辨能力和背景知识，这里引入容忍度概念ε。容忍度随情境（语境）、主体分辨能力而变化。为了表达"度"，我们还将引入测度函数M，$M(x, s_p, D^c)$根据谓词的涵义s_p以及情境因素$D^c(D^c \subseteq D)$赋予一个（可进行比较的数）值。

关于主体的分辨能力和背景知识，我们还引入典型例子（prototype）作为参照系。最初设想用极值，但极大极小值在基于人类认知的解释下略显生硬，不具有通用性。例如，对于含糊词"粉色"，尽管也许可以人为界定粉色的极大和极小值，但事实是，人们在具体对粉色做界定时，并不会以这种极值来定义，而是与自己心中的典型作比较。为此，我们最终选择了典型例子。

§4.2.2.2 形式补充对照说明

形式语言$\mathscr{L}$有可数无穷个变元符号、常项符号以及一元谓词符号，联结词符号$\neg$、$\wedge$、$\vee$、$\rightarrow$，量词符号$\forall$，辅助符号（，），在此基础上，新加符号λ。约定以下表达：个体变元x, y, z；a, b, c。t表示任意的个体词；一元谓词符号P, Q等。

公式$\alpha ::= Pt|\alpha \wedge \beta|\alpha \vee \beta||\alpha \rightarrow \beta|\forall x\alpha|\exists x\alpha|$

要注意的是，该语言中只有一元谓词。

定义1：涵义。称s是涵义，如果s是$W \rightarrow \wp(D)$的映射。

定义2：涵义集$S = \wp(D)^W$（S：{s:s是$W \rightarrow \wp(D)$的映射}），涵义集中的元素s即涵义。

谓词P的涵义可表示为$s_p \in \wp(D)^W$。

定义3：测度（Measure）函数$M(x, s_p, D^c)$：$D \times S \times \wp(D) \rightarrow R$。（S：{s: s是$W \rightarrow \wp(D)$的映射}）。

定义4：不可分辨关系。个体 x，y 相对谓词 P 的涵义是不可分辨的 $\sim_p$：$x\sim_p y$ 当且仅当 $|M(x, s_p, D^c)\text{-}M(y, s_p, D^c)|<\varepsilon$，$\varepsilon$ 称为容忍度，视个体、情境等因素而有所不同。

说明：对于包含自由变元的公式 α，我们也用 $\sim\alpha$ 表示相对 α 中包含自由变元的谓词的不可分辨关系。例如，当 $\alpha=Px\wedge Qx\wedge\forall xRx$ 时，设 $Sx=Px\wedge Qx$，则 $\sim\alpha$ 表示 $\sim s$。

定义5：给定一个谓词 P，正向和反向的典型例子分别记为：$t_p=\pi(s_p, D^c)$，$t_{\neg p}=\pi(s_{\neg p}, D^c)$，其中 $(\pi: S\times\wp(D)\rightarrow D)$。①

注记：以上定义中的谓词可以是包含 $\wedge$、$\vee$、$\rightarrow$ 等联结词的复合谓词，如 $Px=Sx\wedge Qx$，但复合谓词 P 的典型例子不由其组成部分 S 和 Q 确定。例如，大蚂蚁的典型例子并不是大的典型例子和蚂蚁的典型例子的复合。

规定：当一个公式为永真式时，该公式不存在反向例子，进而不存在反向典型例子；当一个公式为永假式时，该公式不存在正向例子，进而不存在典型例子。

定义6：给定模型 $\wp=\langle W, D, M, \sim_p, V\rangle$。其中 W 是可能世界集；D 是论域；M 是一个测度（Measure）函数，$M(x, s_p, D^c)$ 根据谓词的涵义 s_p 以及情境因素 $D^c(D^c\in D)$ 赋予一个（可进行比较的数）值。

由于典型例子的选取不具有组合性（如，复合谓词 P 的典型例子不由其组成部分 S 和 Q 确定），随之而来的是，不能预设公式的真值具有组合性。因此公式的真值定义不以递归形式给出，仅区分包含自由变元的和不包含自由变元的格式。

令 $\alpha(x)$ 表示包含自由变元 x 的公式 α。

---

① 对于"红色""聪明的"等二维含糊表达，正向和反向的典型例子分别对应的是（典型例子的）集合。留待另文详解。

定义7：真值定义。

（1）包含自由变元的公式$\alpha(x)$在$\langle W, D, M, \sim_p, V \rangle$下的真定义如下：

$$V(\alpha(x))= \begin{cases} T & t_{\neg\alpha}\text{不存在；}t_\alpha\text{存在，}x\sim_\alpha t_\alpha\text{，且并非}x\sim_\alpha t_{\neg\alpha} \\ F & t_{\neg\alpha}\text{不存在；}t_{\neg\alpha}\text{存在，}x\sim_\alpha t_{\neg\alpha}\text{，且并非}x\sim_\alpha t_\alpha \\ I & \text{否则} \end{cases}$$

（2）不包含自由变元的公式在$\langle W, D, M, \sim_p, V \rangle$下的真定义如下：

$$V(\forall x\alpha)= \begin{cases} T & \text{对任意的}x\in D, V(\alpha(x))=T \\ F & \text{存在}x\in D, V(\alpha(x))=F \\ I & \text{否则} \end{cases}$$

$$V(\exists x\alpha)= \begin{cases} T & \text{存在}x\in D, V(\alpha(x))=T \\ F & \text{存在}x\in D, V(\alpha(x))=F \\ I & \text{否则} \end{cases}$$

定义8：语义后承。设Γ是一个公式集。如果对任意使得$V(\Gamma)=1$的赋值V，都有$V(\alpha)=1$，则称α是Γ的语义后承，记为$\Gamma\models\alpha$。其中，如果对任意$\alpha_i\in\Gamma$，都有$V(\alpha_i)=1$，$V(\Gamma)=1$。

§4.2.2.3 语义分析

需要提醒注意以下几个问题。

（1）由于典型例子是相对于特定谓词来选择的，针对不同的谓词要重新选择典型例子，在这一问题上，组合原则不成立。

（2）重言式/矛盾式仍保持原真假，因此可以合理解释范启德提出的半影关系（Fine，1975，pp. 275-276）。

（3）极端值（最大值、最小值）无意义，因为总是相对于一定的情境，在一定的状态下来说的；因此我们选取的是典型值。

（4）对含糊句，有意义的是"真"，而不是"有效"，全体有效式，仍是命题逻辑中的重言式。

（5）对于三值的情况，在定义后承关系时可多种选择，这里仍旧遵循"如果前提真，则结论一定真"的经典定义。

§4.2.3 累积悖论的解释

0根头发的人是秃头；（i）或（ii）

如果有n根头发的人是秃头（i），则有$n+1$根头发的人是秃头（ii）；

如果有$n+1$根头发的人是秃头（i），则有$n+2$根头发的人是秃头（ii）；

……

所以，有100,000,000根头发的人是秃头。

对于累积悖论的不合理性，这里给出的一种解释如下：这个推理过程中所出现的两个不同涵义的秃头。其中，秃头（i）是秃头的典型例子，秃头（ii）则是在容忍范围内的秃头。因此，不管第一个前提中的秃是（i）还是（ii），该推理都不具有传递性，因此也就不可能得出"有100,000,000根头发的人是秃头"这样的结论。

至于为什么人们又觉得这个推理有些"合理"，我们来看第二个前提"如果有n根头发的人是秃的（i），则有$n+1$根头发的人是秃的（ii）"这句话正呼应了前面给出的真值定义：如果有n根头发的人是秃子的典型例子，则$|n+1-n|=1<\varepsilon$，所以有$n+1$根头发的人是在容忍度范围内的秃头。而对于"如果有$n+1$根头发的人是秃头（i），则有$n+2$根头发的人是秃头（ii）"，尽管这里出现了$n+1$，人们头脑中还是归位到了n根头发的典型例子，这时候其实就已经不能往下推了，而人们之所以还能容忍这样的推理，原因在于$n+2$还在容忍范围内，而逐渐地当$n+i$超出容忍范围，成为边界例子，进而成为反例的时候，人们才

意识到不合理性。

§4.2.4 高阶含糊性

包含含糊谓词的含糊句，以"李四是高的"为例，我们研究这样的含糊句需要用到元语言，如"李四是高的"是个含糊句，是关于"李四是高的"的元语言描述，这种元语言描述是否具有含糊性就被称为二阶含糊性，以此类推，又有三阶、四阶、五阶，总称高阶含糊性。

以三值逻辑为例：我们因为边界例子而引入第三值不定，为的是刻画真和假之间的模糊地带，但真和不定、假和不定之间的界限又在哪里？它们之间的界限是锋利（sharp）的还是模糊的？如果界限是锋利的，那么似乎没必要给出不定；如果界限是模糊的，是否还需要再引入第四值、第五值……这个问题又被归结为高阶含糊性问题。

高阶含糊性也是经典三值逻辑被质疑的原因之一。对于本节给出的基于人的认知的三值解释，作者认为高阶含糊性问题并不构成问题，由于这里对不定的判断与判断人的认知和具体场景等因素相关，因此判断结果具有流动性和实用性特性；通常，人们在实际的判断中并不进一步思考高阶的问题；对于可能会思考这一问题的判断者来说，在需要在有限信息和时间内给出判定结果时，他们也会根据实际情况在真、假、不定选项中做出选择。

总结本文的两个重要观点：（1）回归到人的认知。认知主义和超赋值所试图刻画的是超出人类认知的"上帝"的认知。作者认为，含糊性问题研究最有意义的地方在于对不完美认知主体认知状态的描述，因此要基于人类的认知来进行研究。（2）将累积悖论的解释回归到人的认知问题。这意味着，我们每次对某人是否是秃头的判定，其实并不是真正根据累积推理得到的，而是将当下实例和典型例子进行比较得出的结论。

§4.3 含糊性问题的内涵与外延之辩

在含糊性问题研究领域，多值语义解释和超赋值语义解释是两个经典的研究进路。相较多值语义中的经典三值解释和基于概率赋值的模糊逻辑解释，Fine（1975）给出的超赋值语义由于引入了基于可能世界语义的可精确化结构，具有更强的表达力，能够弥补三值和模糊逻辑处理的很多不足。超赋值语义发表40余年后，Akiba（2017）给出了同样满足可精确化结构条件的一个布尔多值解释。由于超赋值语义一直被当作典型的内涵语义处理方式，而在含糊性问题研究领域，布尔多值解释却在大多数时候被认为是模糊逻辑这个基于概率处理的典型的外延语义的复杂版本，内涵语义与外延语义的殊途同归，非常值得仔细思考和探究。本文结合含糊性问题研究领域的多值语义解释和超赋值语义解释的演进过程，以内涵语义和外延语义的区分为切入点，最终指出（当下主流定义下的）内涵语义与外延语义的界限是模糊的，而在原有界定基础上，对内涵语义增加"内涵语义要可以表达非线序的偏序结构"这一限制，能够进一步对内涵语义和外延语义进行区分。

§4.3.1 引言

含糊性（vagueness）问题通常由含糊表达所引起。含糊表达在自然语言中随处可见，例如高、矮、贵、秃头、聪明等等。含糊表达最核心的特点在于，存在一些边界例子，我们不好判断这些例子是否满足含糊表达的性质。例如，如果刘云不是高到明显高，也不是矮到明显矮，则他是高或矮的边界例子。同时，含糊表达会导致累积悖论。如：对于含糊词"秃头"，已知有0根头发的人是秃头；如果有n根头发的人是秃头，则有$n+1$根头发的人是秃头 …… 由此一直推下去，我们甚至可推出，有100,000,000根头发的是秃头。该论证看起来是有效的，前提看起来也都为真，但结论却不为我们所接受。一个完整的含糊性问题的解释理论需要给出含糊句的真条件，同时给累积悖论现象以合理的解释。

　　为了解释边界例子，一种很自然的想法是引入**真、假**之外的不定值，于是，三值逻辑被用来解释含糊性。但这种处理很快就遇到了问题。例如，对于粉和红、小和大之间的液滴，我们会认为该液滴是粉色的且是红色的为假，而该液滴是粉色的且是小的真值不定。但由于这两句话的支命题都是不定值，如果将这两句话写成真值运算的形式则有：∧(不定, 不定)=假，∧(不定, 不定)=不定①。范启德（Kit Fine）②就此还进一步提出了半影联系（penumbral connection）的概念（Fine, 1975），即真值关系在不定值之间仍旧得以保持的可能性。例如，即使是处于大和小之间不定状态的液滴，该液滴小且并非该液滴小仍旧应该为假。经典三值逻辑③中的真值运算无法刻画出这种更细致的区分。

　　模糊逻辑（fuzzy logic）也被用来解释含糊性问题。模糊逻辑在完美真（1）和完美假（0）之间引入了无穷多的真值，又被称作真值度理论或者概率解释。边界例子正介于0和1之间，例如：作为边界例子的"刘云高"其真值可能取0.68。由于可以通过对赋值的不断微调来体现

---

① 　这里用"∧(,)"表示与语句中"且"对应的真值函数。

② 　Kit Fine，范启德（姓名），一译为范恩（姓）。本文中，Kit Fine和Ken Akiba等的翻译规则保持一致，都采取全名翻译。

③ 　这里的经典三值逻辑指的是卢卡希维茨（Łukasiewicz）、克利尼（Kleene）等所给出的三值逻辑，尽管他们各自给出的三值赋值函数是有差异的，但都可以列出真值表，本质上都是真值函数。

出渐进式的变化，模糊逻辑对累积悖论的解释看起来更加自然。[1]但模糊逻辑本质上仍是线序[2]的真值函数，其特点在于：每个真值赋值之间都可以比较大小，同时联结词都是关于真值的函数，可以进行真值运算。在这种解释下，经典三值逻辑中所遇到的真值运算带来的问题仍旧存在，例如，在模糊逻辑下，如果李琳高的真值为0.5，则李琳不高的值也为0.5，所以，李琳高且李琳不高的值也为0.5。但直观上，后面这句话的取值应为0。除此之外，由于模糊逻辑是线序的，每个赋值之间都可以比较大小，无法解释多维含糊性问题。例如，对于模糊表达聪明，因为存在多维度的聪明，比如记忆力好、反应敏捷、理解力强、综合分析能力强等等，因此我们不可能把主体的聪明程度按赋值数字的大小简单排成一个线序；类似地，秃头、美等也都具有多维含糊性。

§4.3.2 含糊性问题的可精确化结构

同样想解释含糊性，范启德引入了**精确化**（precisification）这一概念。他认为，在真与假之间存在真值间隙（truth gap, van Fraassen, 1966），而边界例子正是真值间隙的例子，它们既不真也不假。但这种"不定"可以通过很多不同的方式最终变精确。

---

[1] 模糊逻辑对累积悖论的处理比较直观：以秃头为例，如果只有真假二值，我们说有100,000,000根头发的人是秃头为假，有0根头发的人是秃头为真是没有问题的，但一定存在0和100,000,000之间的某个m，使得有m根头发的人是秃头为真，而有$m+1$根头发的人是秃头为假，这样突兀的边界从人类认知的角度看起来十分不自然；模糊逻辑提供的解释下，因 [0,1] 区间里可以有 [0, 0.00001, 0.00002, …, 0.99999, 1] 这样的赋值，就会让这种过渡看起来自然一些。

[2] 线序，又叫全序，本文后面与之相比较进行讨论的还有偏序。线序和偏序都是集合论概念。线序关系满足反对称性、传递性和完全性；偏序关系满足自反性、反对称性和传递性。线序的直观是集合内任何一对元素在这个关系下都是相互可比较的；偏序关系则允许集合中的元素不可比较。线序是一种特殊的偏序。模糊逻辑语义下的无穷个真值组成的集合中每个元素都可以比较大小，因而是线序。

以语句"小赵是秃头"为例，假设小赵是秃头的边界例子，这句话看起来没有真值，但范启德认为，人们之所以认为在**现实世界**（不妨设为@[1]）中这句话没有确定的为**真**或为**假**的真值（因此为**不定**），是因为同时存在现实世界@的精确化（precisification）[2] b和c：在b中，小赵是秃头为真；在c中，小赵是秃头为假。范启德还认为，在现实世界@中已经确定为真（假）的语句，在其精确化中仍旧保持为真（假）。在这一理论下：现实世界@本身也是自己的一个精确化，如果一个世界的精确化中包含了在原世界中不定但在其精确化中变为真（假）的语句，则该世界为原世界的真精确化。基于这一分析，我们可以构建出关于精确化的空间结构，这里称之为可精确化空间[3]。由于各精确化之间的关系是偏序，因此这样的可精确化空间是偏序空间。举例明之：

假设昆家寨（K）是一个存在于精确区域A、B、C附近的模糊区域，它们之间的关系如下：C⊆A（即C包含在A中）， C⊆B，A⊈B，B⊈A（见图4-1）[4]。

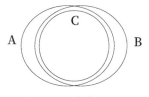

图4-1 昆家寨（K）

---

[1] 这一记法用来凸显与其他世界的不同。

[2] 精确化可看作模态逻辑中的可能世界。

[3] 范启德将之称为规范空间进路（Specification Space Approach），秋叶研将之称为模态精确化进路（Modal-Precisificational Approach）。本文作者称之为"可精确化"，是因为这样可以凸显这一理论存在预设"可精确化"。

[4] 此例来源于Akiba（2017），有修改。

在现实世界@中，K的边界是模糊的，不确定是否有A⊆K，B⊆K
或者C⊆K，这意味着，对于"是否包含于K"这件事，A、B、C都
是边界例子。于是，对于A，存在一个现实世界@的精确化 b，在 b 中
A⊆K，同时存在@的另一个精确化 c，在 c 中A⊈K。已知C⊆A，因此，
在精确化 b 中也有C⊆K。对于 b 和 c，分别有两个更进一步的精确化 d 和
e，f 和 g，在其中B⊈K 或者B⊆K。根据已知条件C⊆B，如果B⊆K，那
么也有C⊆K。较早的精确化中建立的事实将会被延续到后面的精确化
中。以此类推，我们将得到如图4-2的精确化空间。

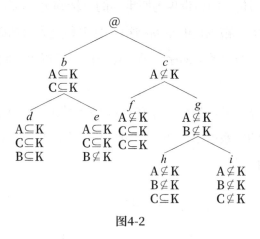

图4-2

这里只展示了"是否包含于K"这一个事实的精确化，因此可能还有
很多精确化仍旧是不完全的（如果一个精确化中还存在语句，该语句且该
语句的否定在这个精确化中都不真，则该精确化是不完全的，反之，该精
确化是完全的）。范启德认为，**任意系列的精确化都将终结于一个完全的
精确化**。也就是说不定最终能通过精确化达到完全。

设 $<P, \trianglelefteq>$ 是一个可精确化空间[1][2]，$\trianglelefteq$ 是一个偏序，"$q \trianglelefteq p$"读作"精确化 q 比精确化 p 更精确"（如果 $q \trianglelefteq p$ 且并非 $p \trianglelefteq q$，我们就称 q 是 p 的真精确化，记为 $q \triangleleft p$）。其中精确化 p, q 可看作某种意义上的可能世界，P 是可能世界集，$\trianglelefteq$ 可看作可通达关系（因为满足自反性、传递性但不对称[3]，所以可看作模态逻辑S4的特殊情况）。"$p \Vdash_P \varphi$"读作"φ 在精确化空间 $p \in P$ 中为真"或"φ 包含于 $p \in P$"。

范启德进一步总结了一个可精确化的偏序空间 P = $<P, \trianglelefteq>$ 需要满足的条件：

（1）$p \Vdash_P \varphi \Leftrightarrow \forall q \trianglelefteq p,\ q \Vdash_P \varphi$（稳定性）；

（2）并非 $p \Vdash_P \varphi$ 且 $p \Vdash_P \neg \varphi$（无矛盾性）；

（3）$\exists q \trianglelefteq p\ (q \Vdash_P \varphi$ 或者 $q \Vdash_P \neg \varphi)$（可完备化规则）；

（4）$p \Vdash_P \neg \varphi \Leftrightarrow \forall q \trianglelefteq p,\ q \nVdash_P \varphi$（否定规则）；

（5）$p \Vdash_P \varphi \wedge \psi \Leftrightarrow p \Vdash_P \mu$ 且 $p \Vdash_P \psi$（合取规则）；

（6）$p \Vdash_P \varphi \vee \psi \Leftrightarrow \forall q \trianglelefteq p,\ \exists r \trianglelefteq q\ (r \Vdash_P \varphi$ 或者 $r \Vdash_P \psi)$（析取规则）[4]；

（7）对于每一个完全的 p，$p \Vdash_P \varphi \Leftrightarrow$ 在经典意义上，φ 在 p 中成立（保真性）。

根据以上7个条件，还可推出：

---

① 范启德在原文中先定义了规范空间（specification space, $<P;\ \trianglelefteq>$，$\trianglelefteq$ 为偏序关系）（Fine, 1975, p. 271），之后又在规范空间基础上定义了满足下文中所列条件的可精确化空间。本文为了突出重点，直接引入了可精确化空间。

② 由于Akiba（2017）对范启德理论总结所用的符号相对 Fine（1975）中的更为清晰完整且更符合当下的符号使用惯例，因此，这里的论述并未采用Fine（1975）中的原版符号，主要参考了Akiba（2017）的总结。下文中模态可精确化的偏序空间需要满足条件的符号表达也是如此。

③ 事实上是反对称关系。

④ 析取规则在Fine（1975）中没有直接写出，是Akiba（2017）根据Fine（1975）文中的内容整理出来的。

（8）对任何精确化 p 和 q，如果 $q \not\trianglelefteq p$，则存在某个 $r \trianglelefteq q$ 使得 r 与 p 是不相容的（即，没有 s，使得 $s \trianglelefteq p$ 且 $s \trianglelefteq r$），这意味着 $\forall p \forall q \not\trianglelefteq p \exists r \trianglelefteq q \neg \exists s (s \trianglelefteq q$ 且 $s \trianglelefteq r)$；等价于，$\forall p \forall q$（如果 $\forall r \trianglelefteq q \exists s \trianglelefteq r. s \trianglelefteq p$ 则 $q \trianglelefteq p$）（可分离性）。[①]

直观上，（1）是说一旦一个句子包含于一个精确化空间中，那么它将在这一精确化空间的进一步精确化中一直存在；（2）是说一个句子和它的否定不能同时包含于一个精确化空间之内；（3）是说任何一个句子或它的否定都最终会包含于某个精确化空间之中；（4）是说一个句子不包含于某个精确化空间的任何进一步的精确化之中，当且仅当，该精确化中包含了该句子的否定；（5）是说一个精确化中包含一个合取句，当且仅当，该精确化中包含组成合取句的两个合取支命题；（6）是说一个精确化中包含一个析取式，当且仅当，不管这一个精确化是如何被进一步精确化的，至少有一个析取支会包含于某一更进一步的精确化之中；（7）表明一个完全精确化空间中的真是经典真；（8）是说对任何精确化，如果 q 不是 p 的精确化，则存在某一 q 的精确化 r，r 与 p 不相容（即不存在同时是 p 和 r 的精确化的 s）。

§4.3.3 基于可精确化结构的超赋值语义

范启德本人基于自己给出的可精确化结构，构建了符合以上条件的超赋值语义。在超赋值语义下，**一个含糊句为真当且仅当其在所有可达且完全的精确化下都真**。换个说法，一个含糊句为真就是在所有使其完全精确的方式下都真。根据可精确化空间需满足的条件（1），$@ \Vdash_p \psi$ 即每一个精确化 p，$p \Vdash_p \psi$。因此，在一个可精确化空间下，一个含糊

---

① 推论（8）由秋叶研（Akiba，2017）根据前7条推出。

句ψ为真，可记为 @ ⊩$_P$ ψ。类似地还可以定义含糊句的假。需要注意，在这一语义下，现实世界中本来确定为真、为假的句子，仍旧保持原来的真、假，对于存在边界例子的含糊句，其真、假判断才真正用到可精确化结构。事实上，对于在不同精确化下有真也有假的语句，其解释仍为不定。但在这个语义定义下，一个语句ψ是有效的，当且仅当对任意的可精确化空间都有ψ为真，即：

⊨ψ当且仅当对任意可精确化的空间$<P, \unlhd>$，都有 @ ⊩$_P$ ψ。

"⊨"在这里表示有效。

超赋值语义下的语义后承定义可以整理为：

Γ⊨ψ当且仅当对任意精确化的空间$<P, \unlhd>$，如果对任意的$\varphi \in \Gamma$，有@ ⊩$_P$ φ（对于每一个精确化p，p⊩$_P$ φ），那么@ ⊩$_P$ ψ（即对于每一个精确化q，q⊩$_P$ ψ）。[1]

对于累积悖论，超赋值理论通过认定第二个前提"如果有n根头发的人是秃头，则有$n+1$根头发的人是秃头"假，来将其消除。

超赋值解释有不少优点，其一是保留了重言式。尽管有些简单命题（在现实世界中）是不定的，但经典逻辑的重言式仍能够保持有效性。以排中律为例，对语句"小赵是秃头"（p），其中小赵是秃头的边界例子，则存在现实世界的精确化a和b，其中a中小赵是秃头为真，b中小赵是秃头为假，但不管在a中还是b中（其实是在对于秃的任何精确化中），小赵是秃头或者并非小赵是秃头都为真。这一点，前面提到的三

---

[1] Akiba（2017）讨论了超赋值语义的两种可能的语义后承定义方式：SVG（global super valuation）和SVL（logical super valuation）。范启德本人的超赋值语义应属于SVG模式，由于SVG模式和SVL模式的区分对本文的讨论结果没有影响，这里不进一步展开解释。SVG模式下的单结论模式语义后承定义为：⊨$_{SVG}$ ψ当且仅当对任意精确化的空间$<\pi; \unlhd>$，都有@ ⊩$_P$ ψ（即对于@的每一个精确化p，p⊩$_P$ ψ）；⊨$_{SVG}$ ψ当且仅当对任意精确化的空间$<\pi; \unlhd>$，如果对任意的$\varphi \in \Gamma$，有@ ⊩$_P$ φ（对于每一个精确化p，p⊩$_P$ φ），那么@p⊩$_P$ ψ（即对于每一个精确化q，q⊩$_P$ ψ）。

值逻辑解释和模糊逻辑解释都无法做到。图示如图4-3。

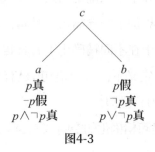

图4-3

　　除了重言式，范启德还讨论了半影联系问题。如，设小红是高的边界例子，李琳也是高的边界例子，但李琳比小红高2厘米，则小红高且李琳不高直观上应为假。但在三值逻辑的解释下，由于小红高和李琳不高的取值都为处于真假之间的不定值I，这一合取式的取值也为I。但在超赋值语义解释下，由于无法给出"小红高且李琳不高"的精确化，这个合取式为假，符合直观。此外，对于多维含糊的问题，以"聪明的"为例，可以有记忆力好、反应敏捷、理解力强、综合分析能力强等多维度的聪明，由于可精确化结构是偏序结构，能够表示出不同维度的聪明之间的不可比较性。

　　范启德在Fine（1975, p. 284）中指出，他的真定义与经典逻辑不同，但逻辑却是一致的。他认为，他所定义的后承关系与经典逻辑的后承关系是一致的。可以证明，在结论是单个公式时，超赋值语义后承与经典逻辑的语义后承是等价的。[①]

　　但与此同时，超赋值语义不再是真值函数。假设p（例如这个液滴是红色的）是不定的，则¬p也是不定的，然而p∨¬p是真的。而与之

---

① 需要注意，当给出结论是一个公式集形式的后承定义时，范启德的语义后承定义与经典逻辑中相应的定义不再等价，本文第四节还将讨论这一问题。

相对的，如果有一个不相关的q（例如"小红是高个子"或"这个液滴大"）是不定的，则$p \vee q$通常还是不定的。因此，一般而言，析取式的取值并不是析取支的取值的函数。

同样引入不定来刻画含糊性的边界例子，超赋值语义能够比较精细且符合直观地刻画不定和确定的真、假之间的关系，同时在一定程度上保持经典逻辑，可精确化结构的引入在其中起到了重要的作用。

§4.3.4 基于可精确化结构的布尔多值语义

基于可精确化结构，是否只有超赋值语义一种解释方式？答案是否定的。Akiba（2017）就给出了一种基于可精确化结构的布尔多值语义，这种语义能够满足上一节中给出的可精确化结构中的8个条件，同时还拥有着比超赋值解释更好的语义性质。

在含糊性问题研究领域，布尔多值语义一直被认为与模糊逻辑"一脉相承"，原因大概在于它们都被归于多值解释，不同之处在于模糊逻辑方法假定在0到1之间的线性有序值（或"度"），布尔赋值则在一个多元的完整的布尔代数中给句子赋值。布尔多值语义可以看作模糊逻辑的进阶版，比模糊逻辑的解释有着更强的表达能力和更好的处理能力。

对于任意布尔代数，$B = <D, \cap, \cup, -, 0, 1> = <D, \subseteq>$，这里$D$是$B$的域；$\cap$、$\cup$、$-$分别是下确界、上确界、与$B$相关联的补集；$B$的底部和顶部的元素分别是0和1（任意$C \in B$，$C \cap -C = 0$，$C \cup -C = 1$）。$\subseteq$是决定$B$的偏序结构（即自反性、传递性和反对称关系）。对于经典命题逻辑的一般布尔赋值为：

$[\neg \varphi]_B^V = -[\varphi]_B^V$

$[\varphi \wedge \psi]_B^V = [\varphi]_B^V \cap [\psi]_B^V$

$[\varphi \vee \psi]_B^V = [\varphi]_B^V \cup [\psi]_B^V$

从这个赋值我们可以看出：布尔赋值具有组合性，即一个（复合）公式的取值可以由其组成部分的取值来确定，是真值的函数；同时，对于任意的布尔赋值，有 $[\varphi \vee \neg\varphi]_B^V = [\varphi]_B^V \cup -[\varphi]_B^V = 1$ 且 $[\varphi \wedge \neg\varphi]_B^V = [\varphi]_B^V \cap -[\varphi]_B^V = 0$，布尔多值赋值保持了经典逻辑重言式的有效性。

事实上，在 $D = \{0, 1\}$ 时，布尔代数可以退化成经典二值逻辑，但当D中元素数大于2时，差异就体现出来了。例如，对于D中有6个元素的布尔代数 B_6，$D = \{X, -X, U, -U, 0, 1\}$，可以构建具有如图4-4所示结构的布尔多值赋值。

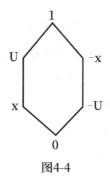

图4-4

对于涉及半影联系的例子：设小红是高的边界例子，李琳也是高的边界例子，但李琳比小红高2厘米，则小红高且李琳不高直观上应为假。在这个布尔多值赋值模型下，设小红高的取值为X，李琳高的取值为U，小红不高的取值为 -X，李琳不高的取值为 -U，则小红高且李琳不高的取值为X和-U的下确界0（假），与直观相符。

综合以上，布尔多值赋值在保持真值函数的情况下，还能够保持重言式的有效性同时对半影联系免疫。同时，由于布尔多值语义是带有偏序结构的多值赋值语义，也能够避免线序的模糊逻辑在解释多维含糊性时的无奈。

需要注意的是，以上讨论中对布尔赋值的分析是一般性的，这种布尔结构提供了一种赋值框架，具体可以有很多不同的赋值可能。以上分析意味着布尔多值可能可以包容含糊性问题，但布尔多值应用于含糊性问题处理时是否有需要遵循或者可满足的一般化规律？如何更精确地表达出这一点？Akiba（2017）中证明了布尔多值处理可以进一步和可精确化结构相融合，或者换个说法，秋叶研给出了基于可精确化结构的一种布尔多值赋值。

要想达成这个目标，核心工作就是要证明一个句子φ在可精确化空间$<P; \trianglelefteq>$下的赋值等同于P中φ为真的精确化空间所组成的集合，即

$$p \in [\varphi]_P \Leftrightarrow_{df} p \vDash_P \varphi \; (*)$$

根据布尔赋值的性质，对于否定、合取、析取都是经典的情况，(*)是直接成立的。但问题在于现在要考虑满足第二节中的条件（1）—（8）的非经典情况。答案也是肯定的。Akiba（2017）给出了详细的证明，证明的基本思路是，从精确化到布尔赋值的转化中，我们得到$[\varphi]$都是正规开集，进而我们可以得到完全布尔代数[①]，而在完全布尔代数下$p \in [\varphi]_P \Leftrightarrow_{df} p \vDash_P \varphi \; (*)$成立。

精确化空间到底是如何转化为布尔赋值的？图4-5和图4-6的例子展示了从可精确化空间到布尔赋值的转换。

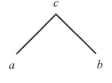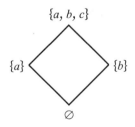

图4-5

---

① 正规开集和完全布尔代数的定义详见Akiba（2017）。

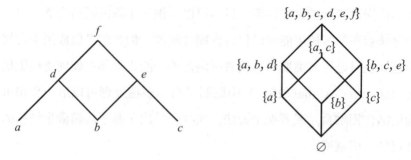

图4-6

图4-5和图4-6的左侧图是可精确化空间，右侧图是布尔多值语义的布尔格[①]。在左侧图的可精确化空间下，a、b、c 等表示的是精确化（可能世界），而如果x是y的真精确化（$x \triangleleft y$），则精确化 x 比精确化 y 的位置要低，在右侧图中，如果x比y的取值更低（$x \subseteq y$且并非$y \subseteq x$），则x处于比y更低的位置。一般而言，一个句子在相对应的精确化空间出现得越晚（越低），其布尔值就越低。如果一个句子在空间中从未出现则取值为0($\varnothing$)。

以图4-5为例，在左侧图中，对于c中取值为真公式φ，根据可精确化结构的稳定性［可精确化空间的条件（1）］，φ将在c的精确化a、b中继续为真，所以，所有使得φ取值为真的精确化组成的集合即 $\{a, b, c\}$，与之相对应的就是右侧图中的布尔值 $\{a, b, c\}$；而左侧图中，假设ψ为c中不定的公式，在c的精确化a中ψ为真，在c的精确化b中ψ为假，则使得ψ取值为真的精确化组成的集合即 $\{a\}$，与之对应的就是右侧图中的布尔值 $\{a\}$；$\{b\}$ 的情况与此类似；对于$\psi \wedge \neg\psi$，左侧图中没有精确化空间使其为真，也就是使得$\psi \wedge \neg\psi$取值为真的精确化集合为$\varnothing$，与右侧的$\varnothing$相对应。

————————

① 格简单来说就是一种可以用代数或关系来表示的数学对象。

以上我们展示了同样基于可精确化结构的布尔多值语义。除了继承超赋值语义的优点，这一布尔多值语义还有一些更好的性质。（1）组合性。首先，在超赋值语义下，联结词不再是关于真值的函数，而在布尔多值语义下仍旧是真值的函数。超赋值语义并未在真、假、不定之外引入更多的真值，而是通过在真假之间引入可精确化结构来刻画不定逐渐变精确的过程，因此，超赋值语义解释下联结词不再是真值函数是个自然而然的结果。而布尔多值语义则直接把可精确化结构投射到赋值上，因此布尔多值语义下，联结词是真值的函数，可以进行真值运算，这也是自然而然的结果。如果联结词是真值的函数，意味着公式的真值获取具有组合性，可以由简单公式的真值求得复合公式的真值，或者说一个公式的真值可以由它的组成部分的真值所确立，这一点无论从技术处理角度还是转化为计算机应用的角度来讲，都是好的性质。（2）后承关系的保持。尽管范启德认为超赋值语义保持了经典后承，但秋叶研分别探究了结论是单个公式的后承定义（$\Gamma \vDash \varphi$）和结论是一个公式集的后承定义（$\Gamma \vDash \triangle$）两种情况后发现：在$\Gamma \vDash \varphi$模式下，超赋值语义和布尔多值语义都保持了经典后承；但在$\Gamma \vDash \triangle$模式下，布尔多值语义定义下的后承仍是经典保持的，但超赋值语义后承不再是经典后承。[①]

综合以上可以看到，基于可精确化结构的布尔多值语义在保留超赋值语义的优点（具有偏序结构、对半影关系免疫）的同时，还保持了真值函数性，同时在保持经典后承方面进行得更为彻底。

---

① SVG模式下的结论为公式集模式的语义后承定义为：$\Gamma \vDash_{SVG} \triangle$当且仅当对任意精确化的空间$<P, \unlhd>$，如果对任意的$\varphi \in \Gamma$，有$@\Vdash p\varphi$（对于每一个精确化$p$，$p \Vdash p\varphi$），那么存在$\psi \in \Delta$，$@\Vdash \mathscr{P}\psi$（即对于每一个精确化$q$，$q \Vdash p\psi$）。更多关于是否经典后承的讨论和证明详见Akiba（2017）。

§4.3.5 对两种基于可精确化结构的语义的一般性评价

尽管布尔多值语义在语义处理的技术层面很"强大"，但不得不说，从直观性角度来看，仍旧是超赋值语义更容易让人理解和接受。我们认为这和人类的认知结构有关，"认知心理学认为，人的思维聚集在所谓的'中型概念'（the middle category concept）周围，所谓中型，主要指心理意义上处在抽象和具体之间的层次"（朱锐，2020）。类似地，对于要解释日常现象的理论而言，能够首先被人想到或广为接受的，大抵是介于抽象与具体之间的"中型层次"的理论。在本文的实例中，超赋值语义某种意义上对应的是中型层次的理论，而基于可精确化结构的布尔多值语义可以看作比中型层次更为抽象的理论。如果接受这样一个理论，那么在解释含糊性这个具体问题上，超赋值语义的地位仍旧是不可替代的——没有相对直观和能够让人接受并理解的"中型理论"在先，针对含糊性问题的布尔多值语义恐怕很难被独立给出，或者即使独立给出也很难被广泛关注和流传。

从解释含糊性的角度来看，可精确化结构预设了"可精确化"这件事，即该结构的构建依赖于假设：**不定能通过扩充/精确化达到完全**[①]。这一假设的合理性是值得商榷的。但不可否认的是，相较于经典三值逻辑和模糊逻辑的处理方式，从不定到真/假的过程添加带偏序的可精确化结构，大大增强了对边界刻画的细致程度。基于可精确化结构，在超赋值解释下，经典重言式（如排中律）得以保持，半影关系可以得到很好的解释，这些都是传统的真值解释无法做到的。然而，在超赋值语义下，真值解释不再是真值函数，尽管在超赋值语义下这是合理的结果，但从技术角度来看，失去组合性可以算得上一种牺牲。不过，同样基于

---

① 定义上表现为预设了存在完全、可容的规范。

可精确化结构，秋叶研的布尔多值语义既保持了超赋值语义刻画的优点，又保持了真值函数的组合性，进一步凸显了可精确化结构研究进路作为含糊性解释的优势。

从更一般化的视角来看，秋叶研所证明的结果其实是很顺理成章的。范启德提出的可精确化结构是模态逻辑基底的，对于可精确化空间 $<P, \trianglelefteq>$，在范启德的解释下，P 可看作可能世界集，$\trianglelefteq$ 可看作满足自反性、传递性但反对称的可通达关系，所以可看作模态逻辑S4的特殊情况。而在模态逻辑领域，可能世界的可通达关系本就与布尔代数存在着对应[①]，因此，基于可精确化结构的这两种含糊性语义其实都属于已有抽象理论在具体问题研究中的应用。不过，这种应用的价值不仅仅在于帮助解决具体问题、解释具体现象，还在于展示具体应用案例。这些案例能够反过来帮助我们反思一般性、理论化的结果之间的关系，乃至这些一般化结果的本质。在含糊性研究领域，超赋值语义一直被当作典型的内涵解释，而布尔多值解释则一直被看作与模糊逻辑的外延解释一脉相承。但基于可精确化结构的布尔多值解释在某种意义上使得"外延解释"与"内涵解释"殊途同归，这不得不让人重新思考"外延语义"与"内涵语义"的关系。接下来我们将重点探讨这一问题。[②]

§4.3.6 内涵语义与外延语义之辩

§4.3.6.1 内涵语义与外延语义的界定

关于内涵语义和外延语义，有不同的观点和界定，本文对内涵语义

---

① 可参考P. Blackburn etc (2001) 5.4 Duality Theory (pp. 294-303)。

② Akiba（2017）最后一段中也提到布尔语义可能导致内涵和外延的界限变得不清楚："This seems to blur and call into questions the clear-cut distinction between intension and extension."但秋叶研没有进一步说明intension和extension指什么，也未展开讨论。

和外延语义的讨论基于目前较为通行的如下观点：

在命题逻辑层面，**外延语义**把语句解释为真值；**内涵语义**把语句解释为内涵，内涵可以有不同的具体解释，最经典的内涵解释是**可能世界到外延（真值）的函数**。

在谓词逻辑层面，外延语义把个体词解释为论域中的个体，谓词解释为论域中个体的集合或个体元组的集合；而内涵语义，以基于可能世界语义学的内涵语义为例，个体词被解释为可能世界到个体集合的函数，谓词被解释为可能世界到个体/个体元组的集合的函数。

由于本文给出的含糊性问题解释语义都是命题逻辑层面的，本节中关于内涵语义和外延语义的讨论也只在命题逻辑层面展开，本节以下部分如果没有特殊说明，内涵语义和外延语义均指命题层面的内涵语义和外延语义。具体地，本文选取目前较为主流的内涵解释：内涵是可能世界到外延（真值）的函数。

§4.3.6.2 内涵语义与外延语义的演进

此种内涵语义与外延语义的界定基于可能世界语义学的兴起。在古典命题逻辑中，一个命题被解释为或真或假的值：一个命题为真就是这个命题与事实情况相符，一个命题为假就是这个命题与事实情况不相符；联结词被解释为真值函项（从真值到真值的函数）。这种解释能够刻画数学推理，但日常语句的一些现象却无法刻画，例如涉及"必然""可能"的语句："张三必然抽到一等奖"和"张三可能抽到一等奖"这两个语句的真假，无法仅根据张三抽到了一等奖与事实情况是否相符来判断。为了刻画涉及必然、可能的语句，模态逻辑逐渐发展起来，模态逻辑有多种语义，其中影响最大的是可能世界语义。在可能世界语义下，"张三必然抽到一等奖"在一个可能世界为真当且仅当在这个可能世界所通达的所有可能世界里，张三抽到一等奖；"张三可能抽到一等奖"在一个可能世界为真当且仅当存在一个这个可能世界所通达的可能世界，在其中张三抽到一等奖。这种解释使一个语句**为真的层次扩展**了，从只考察当下世界中该语句的真假，变成了一个从可能世界集到真值集的函项。模态逻辑的可能世界语义被看作是典型的内涵语义。

外延语义：语句→真值（真、假）

内涵语义：语句→内涵（可能世界集到外延（真值集）的函数）①

随着时间的演进，可能世界语义学被用到了更广阔的研究领域，除了对可能和必然进行刻画，道义逻辑、认知逻辑、时间逻辑、条件句逻辑、概称句逻辑等领域都可以见到可能世界语义的身影；在含糊性问题研究领域，超赋值语义因为引入了基于可能世界语义的可精确化结构，也被看作是典型的内涵语义解释（Fine，1975，p. 272）②，根据本文第二部分的论述，可精确化结构作为一种偏序结构，可以被看作是模态逻辑S4-框架的特殊情况。

要刻画命题逻辑研究范围之外的语言现象，多值逻辑是另一个进路。1920年，卢卡希维茨（Łukasiewicz）试图通过引入真、假之外的第三个值来刻画可能，尽管这一刻画最终没能实现，却导致了多值逻辑的产生。从最初的三值逻辑到在[0, 1]区间的赋值的概率语义，人们一直没有停下探索多值逻辑的步伐。这一点从含糊性问题的研究中就可以窥见一斑：三值语义和模糊逻辑方向的概率语义都被用来尝试解释含糊性。尤其是概率语义，由于便于计算进而方便转化为计算机应用的特性，在计算机科学相关领域有着不亚于逻辑学领域模态逻辑的影响力，拥有一批拥趸。不过，线序结构的概率语义在解释能力方面有一些局限，在含糊性问题研究领域如此（多维含糊性问题），在概称句研究

---

① 这样的处理被刘壮虎称为"按弗雷格路径建立的内涵逻辑"，刘壮虎（2019，p. 1）。

② 范启德在文中专门强调了精确化是一个内涵概念："The account of appropriacy uses the intensional notion of precisification."

领域的处理也是如此。亚里尔·科恩（Ariel Cohen）是概称句研究的概率语义进路的代表人物，他给出了经过反复改良的概称句的概率语义（Cohen，1999），这种概率语义能够体现概称句具有一定普适性、**容忍例外、真值判断以主项和谓项同时作为参数、语境相关性、导致推理非单调**等特性，但始终没有办法体现概称句的内涵性，例如，对"**这台机器榨橙汁**"这样的概称句，尽管这台榨汁机可能刚出厂还从未榨过橙汁，但我们仍旧认为这句话为真。但由于这样的语句在现实世界没有实例，在亚里尔·科恩的解释下其概率为0，在这种解释下，概率为0的句子没有真值，这与人们日常对这类句子的直观并不相符。

以经典三值逻辑、概率赋值为代表的多值语义的本质仍旧是把语句解释为真值，把联结词的运算解释为真值函数，区别在于真值集合中的元素由真假二值变成了有穷的多值乃至无穷的多值。由于这一特点，多值语义一直被当作典型的外延语义，是经典二值的外延语义的延展。

外延语义：语句→真值（（真、假），（真、假、不定），…，[0，1]）

内涵语义：语句→内涵（可能世界集到外延（真值集）的函数）

按照上面的演进思路，布尔赋值语义也可以被看作一种多值语义，相较线序的概率语义，布尔语义自带偏序结构，可被看作是概率语义的加结构版。

外延语义：语句→真值（（真、假），（真、假、不定），…，[0，1]，带布尔结构的多值）

内涵语义：语句→内涵（可能世界集到外延（真值集）的函数）

§4.3.6.3 布尔赋值是外延语义还是内涵语义？

然而，秋叶研给出的基于模态可精确化结构的布尔多值语义却让我们反思这一界定下的外延语义和内涵语义的界限。一方面，在含糊性问题研究领域，布尔多值语义作为多值语义一直被看作与模糊逻辑一脉相承。特别的，当D= {0, 1} 时，布尔代数可以退化成经典二值逻辑。另一方面，根据前面的结果，秋叶研给出布尔多值语义可以满足可精确化结构的8个条件，而由于可精确化结构可看作模态逻辑S4-框架的特殊情况，具有可精确化结构的超赋值语义一直被当作含糊性解释理论中内涵解释的代表。因此，秋叶研的结果提示人们去思考可能世界语义与布尔赋值语义之间的关系。

事实上，在模态逻辑建立之初，就有代数语义学和可能世界语义学两种，甚至代数语义学比可能世界语义学给出的还要早。（Ballarin, 2017）而代数语义学中，如果可及关系满足偏序条件（自反性、传递性、反对称）就可以用布尔代数来表示。在这个意义上，布尔多值语义到底是属于外延语义还是内涵语义的问题一直存在着，只不过含糊性问题研究领域对多值外延进路与模态内涵进路的区分凸显了这一问题。

那么，布尔多值语义到底是属于外延语义还是内涵语义呢？

外延语义：语句→真值（（真、假），（真、假、不定），…，[0, 1], 带布尔结构的多值？）

内涵语义：语句→内涵（可能世界集到外延（真值集）的函数⇔布尔多值语义？）

在模态逻辑领域，布尔赋值与可能世界语义的赋值可以做如下对应：$[\varphi]= \{w|w \vDash \varphi\}$ [①]。基于这一结果，我们可以把布尔多值语义转化为这里的内涵语义的形式：给定一个布尔赋值$B= <D, \cap, \cup, -, 0, 1, [\ ]>= <D, \subseteq, [\ ]>$，对一个语句$\varphi$，其内涵为$W \to \{0, 1\}$的函数，满足：

$V(\varphi, w)=1$，如果$w \in [\varphi]$

---

① 具体而言：$[p]= \{w| w \vDash p\}$，$[-\varphi]=W-[\varphi]$，$[\varphi \wedge \psi]=[\varphi] \cap [\psi]$，$[\Box \varphi]=w \in W: R(w) \subseteq [\varphi]\}$，$R(w)$表示$\{u \in W: wRu\}$。进而可证明，对任意$\varphi$，$[\varphi]= \{w| w \vDash \varphi\}$。

V(φ, w)=0, 如果 $w \notin [\varphi]$

至此，我们至少可以说，布尔多值语义可以转化为一种内涵语义。

以上对布尔多值语义所作的内涵语义的转化是一般性的，也就是这种转换对布尔多值赋值都是成立的，包括其中的退化情况和特例情况。如经典命题逻辑的二值语义是 D= {0, 1} 布尔多值语义退化情况；由于线序是一种特殊的偏序（在偏序基础上加上可比较性），所以，概率语义也是布尔多值语义的一种特殊情况。这意味着，经典命题逻辑的二值语义和概率语义这两个典型的外延语义都可以写成内涵语义的形式。

事实上，我们还可以单独给出这些经典外延语义的内涵语义定义。

对于外延语义的"原型"，经典（命题）逻辑的二值语义，其外延集合只有真假两个元素，我们不妨将之记为 {0, 1}，这个外延集合中的元素也可以表达成内涵的形式[①]：

0: W$\rightarrow$ {0, 1}, 0(x)= 0

1: W$\rightarrow$ {0, 1}, 1(x)= 1

这种表示下，0作为一个内涵（可能世界集到真值集的函数），将所有的可能世界都映射到外延集合中的元素0上；1作为一个内涵，将所有的可能世界都映射到外延集合中的元素1上。其直观是：一个公式取值为0，即对所有的可能世界，该公式都取值为0；一个公式取值为1，即对所有的可能世界，该公式都取值为1。这意味着，外延可以嵌入内涵中，因此，**在当下的内涵语义界定下，外延语义可以被看作一种特殊的内涵语义**。这种内涵语义只有两个备选的内涵项。

沿着这一思路，经典三值逻辑和概率语义都可以进行转化。以下只

---

① 刘壮虎在讨论模态逻辑的邻域语义学时曾提出此转化模式。URL = <https://logic.pku.edu.cn/ann_attachments/zzzzzzz.pdf>.

看概率语义的转化[①]:

$$0: \mathrm{W} \to \{0, \cdots, 1\}, \quad 0(x) = 0$$

……

$$0.68: \mathrm{W} \to \{0, \cdots, 1\}, \quad 0.68(x) = 0.68$$

……

$$1: \mathrm{W} \to \{0, \cdots, 1\}, \quad 1(x) = 1$$

此时，这种内涵语义可以有无穷多个备选内涵，这些备选内涵之间附带着线序关系，即每个内涵之间都可以比较大小。其直观是对每一个语句赋予一个在每一个可能世界都一致的内涵（数字）。

基于以上分析，可以得出结论：这里所定义的外延语义和内涵语义之间是一种包含于关系，外延语义和内涵语义的界定并非一种划分。布尔多值语义作为整体可以转化为内涵语义，经典外延语义如经典二值语义、概率语义也可以看成特殊的内涵语义。

§4.3.6.4 内涵语义与外延语义的区别究竟是什么？

尽管得出如上结果，但直观上我们仍旧认为外延语义和内涵语义是有区别的。问题在于这种区别的本质是什么？我们该如何表达出这种区别？

在处理自然语言现象和日常推理时，人们发现经典逻辑二值语义是不够用的。例如，在经典逻辑的解释下，由于"贾宝玉喜欢的姑娘"和"美国的女总统"在现实中都没有真实存在的对象与之相对应，我们无法区分命题"贾宝玉喜欢的姑娘是林黛玉"和"美国的女总统是林黛玉"的真假。但从直观上来看，我们认为"贾宝玉喜欢的姑娘是林黛玉"为真，"美国的女总统是林黛玉"为假；再例如，直观上，我们认

---

① 　如果依托可能世界语义的时态逻辑，具有全序关系的概率语义也可能给出类似布尔多值的内涵语义转化，不过这就是另一项工作了。

为命题（1）"假若张三身高2.2米，则张三身高不会超过2.1米"为假，
（2）"假若张三身高2.2米，则张三身高会超过1.7米"为真，"如果张三的实际身高是1.78米，则张三身高2.2米"为假，如果只使用命题逻辑的二值语义做解释，前件为假的蕴涵式都为真，即（1）（2）这两句话都为真。研究者们认为，这是由于经典二值逻辑无法体现命题和命题成分[①]的内涵，因此还需进一步给出能够体现命题和命题成分的内涵的逻辑。

我们知道，经典逻辑建立的初衷是想刻画数学推理，因此只需使用能够刻画数学推理的研究工具即可，具体体现在选用适合研究对象的语言和语义上。数学语言和数学推理具有精确性和严格边界，经典二值语义这种"理想化"[②]的解释模型能够很好地完成表达和刻画数学推理的目标。但如果把目光转向不精确的自然语言和具有容错性的日常推理，经典逻辑的工具就不再够用了，需要更丰富的语言和刻画能力更强的语义，于是，就有了关于内涵语义的探索。可能世界语义的引入，最重要的是引入了一个带结构的赋值，这使得表达力大大加强了。另一方面，多值逻辑引入真、假之外的更多的赋值，也是为了增强表达能力。但为什么三值概率语义被看作为了处理外延情况，而布尔多值语义却可以和可能世界语义对应，进而引发外延语义和内涵语义区分的思考呢？

概率语义作为一种特殊的布尔多值语义（满足可比较性的有无穷多个取值的偏序结构），我们看到其与一般布尔多值语义的差别就在于线序结构和偏序结构的差别。数学推理、数学运算都是比较"理想"的线序结构。但是，日常推理则通常是偏序的，有许多不可比较的情况，例如，之前提到的"聪明""美"等含糊词具有不可比较的多维度，每个人大脑中都可能存在着放在一起会产生矛盾的诸多信念或知识却仍旧运

---

① "命题成分"是"原子命题内部成分"的简写，关于命题成分的内涵问题，我们将在第七部分稍微展开讨论。

② 此处的"理想"与物理领域的"理想气体""理想液体"中的理想用法接近。

行自如，没有"崩溃"，大抵也是因为偏序（非线序）结构的存在。线序能表达程度上的差异，却无法表达与当下情况并列的其他可能性。偏序的不可比较性在进行计算时是个麻烦，但又恰恰是丰富表达的来源，也是表达自然语言和日常推理的恰当手段。

基于以上分析，我们认为，这里所讨论的外延和内涵的区分，或者说我们直观上所理解的日常推理和数学推理的界限，其本质在于是否可以丰富到表达偏序结构，是线序表达[①]和偏序表达的区别。因此，随着逻辑语义理论和应用的演进，这一路径下的外延语义和内涵语义的界定应改写为：

外延语义：语句→真值；

内涵语义：语句→内涵（内涵解释要可以表达非线序的偏序结构）。

"可以表达非线序的偏序结构"的意思是一个语义（类）下存在可以表达非线序的偏序结构的语义解释。

在新的界定下，可能世界语义作为一大类语义的总称，包含了很多不同的框架类型，其中包含了非线序的偏序结构。布尔多值语义同样作为一大类语义的总称，本身就要求具有偏序结构，因此可以表达非线序的偏序结构。因此**可能世界语义和布尔多值语义都是内涵语义。经典二值语义和概率语义都是外延语义**，同时由于它们都无法表达非线序的偏序结构，**它们本身不再是内涵语义**，但这些外延语义仍可以作为内涵语义中的外延特例出现，也就是作为一个大类的内涵语义可以包含外延解释特例。另一方面，根据外延语义的界定，布尔多值语义同时也是外延语义。**布尔多值语义作为一大类语义的总称，同时符合内涵语义和外延语义的定义。**布尔多值语义是解释力非常强大的语义，一方面，它作为代数语义可以解释数学现象；另一方面，由于偏序结构使然，它也可以

---

① 经典逻辑的真假二值也可看作一种线序表达。

用于日常推理的解释。因此，它同时属于两种语义类型，既符合现实也符合直观。

　　在新的界定下，外延语义和内涵语义之间仍旧不是划分关系，它们之间存在着千丝万缕的联系。**但这种界定区分了外延语义和内涵语义，简单来说，不可表达非线序的偏序结构的外延语义可以是某种内涵语义的特殊情况，但它们不再是内涵语义。**

§4.3.7 总结与展望

　　以上我们从含糊性问题的多值语义和超赋值语义两个进路出发，以布尔多值语义这个连接两种进路的纽带为切入点，详细探讨了命题逻辑层面内涵语义与外延语义的关系。本文指出，基于目前较为通行的内涵语义和外延语义的界定，几种常见的外延语义都可以看作内涵语义的特殊情况，因此外延语义与内涵语义的关系是一种包含于关系，这不符合我们的直观。沿着这一内涵和外延的定义思路，本文通过引入非线序的偏序结构对内涵语义进行了重新界定，在新的界定下，经典二值语义和概率语义作为外延语义是某些内涵语义内部解释下的特殊情况，但外延语义不再作为一种特殊的内涵语义而存在。布尔多值语义作为一个大类，既是外延语义也是内涵语义。

　　内涵语义与外延语义的区分是逻辑学领域中处在基底的、非常重要的问题，我们应该对什么是内涵语义、什么是外延语义以及它们的区分有更深度的思考。以上我们提供了一种对当下较为流行的内涵语义与外延语义进行修正的方式，而是否还有其他的修正方式来界定出这种区分，这是值得更多学者进一步去探索的问题。

　　基于本文的研究目标，以上的讨论有一些预设和限制条件，例如，对含糊性语义表达能力的评价仅在多值语义和可精确化结构两个进路下已有的研究成果中进行；关于内涵语义和外延语义的讨论基于目前比较常见的一种定义。为了使读者尽可能看到问题的全貌，以下补充一些预设和限制之外的论题。

§4.3.7.1 基于可精确化构想的其他语义

基于可精确化构想，除了超赋值语义和布尔多值语义，是否还可能有其他语义？[①]在模态逻辑领域，除了可能世界语义和代数语义，还有一种更一般化、表达力更强的语义——邻域语义。由此类比过来，基于模态可精确化结构，也很可能可以给出一个邻域语义解释。关于邻域语义，刘壮虎（2000）通过证明指出："任何满足组合原则和强的值确定原则的语义学都可以转化成邻域语义学。"[②]布尔多值语义满足这一条件，因此，给出基于可精确化构想的邻域语义是可行的。由于邻域语义学也是一种表达力很强的语义，如果给出可精确化构想的邻域语义解释，预期会有更多理论和应用结果的探讨空间。

§4.3.7.2 含糊性问题的其他解法

以上关于含糊性问题的讨论主要涉及了多值语义进路和模态可精确化进路，而关于含糊性研究还有很多其他的进路，如语用晕理论、情境主义以及容忍度理论等[③]。特别的，本文所涉及的进路都是命题逻辑

---

① 值得一提的是，同样基于规范空间（<P, ⊴ >，⊴ 为偏序但不一定满足可精确化的8个条件）及超赋值语义所定义的真和后承概念，可以给出很多**不同的逻辑**，如可以给出直觉主义的一个扩充等（Fine，1975，p. 283）。但这里探讨的是基于满足8个条件的可精确化结构是否还有**其他的语义**，这是两个不同的问题。

② 具体可参见刘壮虎（2000，p. 77），其中（1）组合原则：赋值V由V在命题变项上的值所确定。这样，所有的赋值都是全体命题变项到值域的映射的扩充。（2）值确定原则（强）：存在R的子集I（特指集），使得：一个公式是有效的当且仅当它在任何赋值下的值都在I中。

③ 关于这几个理论的简介可参见张立英（2013a）。

层面（把简单命题当作原子）的探讨，通过在赋值过程中添加结构或者更多的真值来表达含糊真与经典真的不同。但由于含糊表达的主体是"高""矮""贵""秃头""聪明"等语词成分，因此，关于含糊性的另一个自然的研究思路是以这些含糊词以及论域中个体的相似性为主要对象，从简单命题内部的结构入手来探讨含糊性问题的成因。Rooij（2001）的容忍度理论和Zhou（2013）、周北海（2018）的含糊类理论都是这一思路下的工作成果。

§4.3.7.3 其他路径的内涵语义

刘壮虎（2019）把本文中定义的内涵语义和外延语义称为弗雷格路径的内涵语义[1]。他指出："在这种路径中，无法区分内涵、涵义、命题。如果想区分它们，就要采取另外的途径。"[2]Zhou和Mao（2010）给出了四层语义，通过形式定义区分了内涵、涵义、概念和命题，是"另外的途径"下的一个尝试。当然，这又是另一个宏大的论题了。

---

① 原文中用的语汇是"弗雷格路径建立的内涵逻辑"，强调"内涵逻辑"意在与只给出一个语义解释不给出对应的逻辑系统的方式做出区分。本文的讨论重点不在建立某个逻辑（不意味着语义背后没对应着逻辑），而是想讨论不同语义之间的关系，因此替换为外延语义和内涵语义的说法。

② 刘壮虎（2019，p.1）。

第五章　非单调推理①

　　20世纪70年代，在人工智能研究的推动下，非单调推理研究在欧美首先产生并发展起来，逐渐成为人工智能、逻辑学等多领域的研究热点问题。非单调推理的核心性质是可推翻性：通过非单调推理得出的结论在给出新证据的情况下可能会被推翻。由于日常推理大多是可以被推翻的非单调推理，在经典的单调推理已被充分研究的今天，这一研究领域不断升温，经历了近半个世纪的发展，已经得到缺省逻辑、限界理论、自认知逻辑、非单调模态逻辑、正常条件句逻辑、概率推理等一批重要结果。

　　本章将从三个不同的角度来探索非单调推理的刻画、实质和应用。其中第一节是对当下大部分以命题逻辑为基底的刻画非单调推理的研究分支的抽象概括。具体而言，从命题逻辑的经典后承出发，我们可以通过改变假定集、限制赋值集合、改变规则集三种方式来刻画非单调推理。本章的第二节则结合第二章有关概称句的解释，通过构建逻辑、定义前提集上的排序和给出具体的优先序的方式，系统刻画了通过演绎方式得概称句的推理、通过归纳方式得概称句的推理，以及结论是事实句的概称句推理。这些推理都是非单调的，非单调的概称句推理是非单调

---

① 本章在论文《通往非单调推理之路》（《中央财经大学学报》，2008年增刊），《概称句推理与排序》（《逻辑学研究》，2009年第2期），《以可推翻论证为基点的非单调推理研究》（《哲学动态》，2017年第5期）基础上整理而成，有所修改和增补。

推理中最重要的一种。本章的第三节又进一步探索了可推翻论证系统的运作方式，可推翻论证系统更侧重于推理结构的研究，它的研究基点是论证，即以一个个论证作为最小研究单位，而不是像其他的分支及经典逻辑那样从命题或者命题中的成分开始研究，在这一研究视角下，新的前提不会使论证作为一个论证变成无效的，而只会引起反面的论证。第三节对可推翻论证研究的基本框架和内容进行了梳理，同时对可推翻论证系统中的不同结果进行比较，又对可推翻论证系统和其他非单调推理研究分支进行了比较，并指出以论证为基点是研究非单调推理的恰当切入点，而可推翻论证分支在非单调推理领域有很好的发展前景和广阔的应用空间。

本章分为三节。§5.1从经典后承到非单调推理；§5.2带排序的非单调推理；§5.3可推翻论证的刻画。

§5.1 从经典后承到非单调推理

结合对当下非单调推理研究分支的考察，本节系统论述了从经典后承出发得到非单调推理的过程。以经典后承为基础，通过添加不同条件，我们可以分别得出超经典后承的三种类型：枢轴假定后承、枢轴赋值后承以及枢轴规则后承。超经典后承是单调的，它满足自反性、累积传递性和单调性，但它们都不对替换封闭。以超经典后承作为桥梁，通过技术设定让所添加部分随前提集A的变动而有所改变，这样就得到了非单调推理。

非单调推理的特点在于当前提增加时，结论集不一定随之单调增加。非单调推理的核心性质是可推翻性（defeasibility）：通过非单调推理得出的结论在给出新证据的情况下可能被推翻。由前提集A可得出结论x，但由前提集$A \cup B$却可能得不出结论x。这种推理与传统的经典演绎逻辑所刻画的推理有所不同，经典演绎逻辑刻画的推理的特点就在于增加新前提，原有结论不会被推翻。

§5.1.1 非单调推理的不可避免性

20世纪70年代以来，非单调推理的研究已经成为逻辑学等多学科研究的热点问题，在人工智能研究的推动下，非单调推理的研究在欧美首先产生并发展起来，得到缺省逻辑、限界理论、自认知逻辑、非单调模态逻辑、正常条件句逻辑、概率推理等一批重要结果。近三十余年来，这一领域的研究不断升温，已成为人工智能在机器学习、机器推理、知识获取等多个方向研究的理论基础。

尽管非单调推理在近几十年才成为学术界研究的热点，但这并不意味着非单调推理近期才出现，事实上，非单调推理贯穿在人类生活的始终。有些情况下人们必须进行非单调推理，例如，所有要求立即给出解决问题的方案并要立即执行的情况（如医疗实践、故障维修等），进行的都是非单调推理，为了要事情继续不停顿，我们必须立刻做出以后可能会修改的结论。而从更深的层次上讲，大多数知识以及人类的大多数信念严格来讲都不能被看作是所有情况下都成立的全称句，而应是容忍例外的概称句，而概称句容忍例外的特性决定了包含概称句的推理通常都具有非单调性。人类实际上每天就在通过非单调推理，不断地更新着自己的以及公共的知识集和信念集。

正是由于越来越多的学者意识到了上面提到的情况，非单调推理才逐渐成为研究的热点。非单调推理研究带来的将是一种观念上的革命，它引领我们从经典的演绎推理到非单调推理，以更宽广的视角去看待推理活动！

那么，经典演绎推理和非单调推理具有什么样的关联呢？关于非单调推理的研究一般认为，要刻画非单调推理，需要引进与经典演绎后承不同的推出关系。

§5.1.2 从经典后承到超经典后承

经典的演绎推理是一种单调性推理，我们用经典后承来刻画它。经典后承可看作公式集与公式之间的关系，我们通常用"├"来表示经典后承关系。经典后承也可看作从公式集A到更大的集合Cn(A)的运算，Cn(A)={x: A├x}。无论看作关系还是看作运算，经典后承都满足自反性、累积传递性和单调性这三个性质，当然经典后承还有很重要的一条性质，即对替换规则封闭。

存在一些与经典后承有所不同的后承，它们可以作为经典演绎推理通往非单调推理的桥梁。下面我们将看到，这些后承关系相对经典后承而言，可以从同一前提获得更多的结论，但它们同时又是单调的，我们称之为超经典后承（paraclassical consequence）。超经典后承也都满足自反性、累积传递性和单调性，但它们都不对替换封闭。

在现有的研究中，有三种方式来得到超经典后承，这三种方式以下分别被称作枢轴假定（pivotal-assumption）、枢轴赋值（pivotal-valuation）、枢轴规则（pivotal-rule）。

§5.1.2.1 从经典后承到枢轴假定后承

枢轴假定后承的直观在于，人类进行日常推理时或多或少都会用到一些隐含的假设条件，如果想刻画日常推理，我们应该把这部分假设补出来，这就是要加入作为背景的集合的思想。

定义1：枢轴假定后承├$_K$。称x是以假定集K为基础的A的后承（记为$A\vdash_K x$或$x\in Cn_K(A)$）当且仅当$K\cup A\vdash x$。

可以证明，枢轴假定后承满足自反性、累积传递性以及单调性。[①]
同时它还满足紧致性、前提集上的析取（disjunction in the premises）
等性质。也易举反例证明，这一后承不对替换规则封闭。当然，如果背
景集K为重言式的集合或者是不一致集，那么，这样特殊的后承关系对
替换规则封闭。枢轴假定后承随K的不同有多个，多数的枢轴假定后承
关系都不对替换封闭是因为K是一个相当于常元的集合。当做替换时，
K中元素不随之变化，因此出现这样的结果。

§5.1.2.2 从经典后承到枢轴赋值后承

如果说前面提到的枢轴假定更像一种从语法角度出发的方式，那么
枢轴赋值则是一种从语义角度出发的方式。这一方法的主要思想是通过
限制赋值集合来从相同的前提中得到更多的结论。因为，我们定义后承
时一般要求对于赋值集合中的所有赋值，都有如果前提真，则结论真。
那么，如果赋值集合中的元素较从前少了，自然应该可以从同样的前提
得到更多的结论。事实上，前面提到的枢轴假定也可以以某种方式通过
语义方式对应过来。某种意义上，这两种理论似乎是平行的。但是，其
一，这两者在后面转换到非单调情况时，处理根据A而改变赋值集合的
方式很不相同；其二，我们将看到，这两者只在有穷的情况下才有这种
平行的关系，而不是完全等价。

定义2：枢轴赋值后承$\vdash_W$。令$W\subseteq V$是语言L下的布尔赋值集。设A
是任何公式集，设x是任意个体公式。x是A相对于赋值集W的后承（记
为$A\vdash_W x$或$x\in Cn_W(A)$），当且仅当，不存在赋值$v\in W$使得$v(A)=1$但
$v(x)=0$。

---

① 有关自反性、累积传递性以及单调性的表达方式以及相应的证明可参见Makinson(2005)。

对每个赋值W都有一个枢轴赋值后承。同样的，很容易验证，这一后承满足自反性、累积传递性和单调性，以及前提集上的析取。同时，我们可以验证，枢轴赋值后承也不对替换封闭。但是，与枢轴假定后承不同，它并不总是满足紧致性。不满足紧致性说明了不是每个枢轴赋值后承都是枢轴假定后承。而由于我们可以通过转换使得每一个和K相关的枢轴假定后承都能转化成一个枢轴赋值后承（我们可以定义W= $\{v \in V: v(K)=1\}$）。所以，我们知道，枢轴假定后承的范围是严格窄于枢轴赋值后承的。事实上，可以证明，枢轴假定后承即紧致的枢轴赋值后承。

§5.1.2.3 从经典后承到枢轴规则后承

这种得到超经典后承的方式与枢轴假定类似，区别在于后者是加命题，前者是加规则。但这一小小的转换所带来的结果是不一样的。

定义3：枢轴规则后承 $\vdash_R$。称 x 是以规则集R为基础的A的后承，$A \vdash_R x$ 即 $x \in Cn_R(A)$ 当且仅当 x 在A的所有对Cn和规则集R封闭的扩展集的交集之中。换言之，当且仅当 x 在每一个X中，而X满足 $A \subseteq X$，且 $Cn(X) \subseteq X$、$R(X) \subseteq X$。

枢轴规则后承满足自反性、累积传递性、单调性以及紧致性，不是总满足前提集的析取。

总结一下，除了自反性、累积传递性以及单调性外，枢轴假定后承还满足紧致性以及前提集上的析取；枢轴赋值后承满足前提集上的析取，但不总满足紧致性；枢轴规则后承满足紧致性，不是总满足前提集的析取。所以枢轴假定后承是枢轴赋值后承和枢轴规则后承的交集。

这些系统是经典逻辑的扩充，但同时又是单调的，它们满足前面提到的三个性质，但是由于它们不满足替换（$A \vdash x$ 则 $\sigma(A) \vdash \sigma(x)$，或者说 $Cn(A) \subseteq Cn(\sigma(A))$），所以，以这些逻辑为基础的逻辑又和传统的经典逻辑有些不同。

§5.1.3 从超经典后承到非单调推理

超经典后承尽管能够比经典逻辑从相同前提中得到更多的结论，但它们仍然是单调的，某种意义上，这是因为它们所添加的东西是相对"固定的"。这不合乎我们对非单调推理的直观，要想得到非单调推理，我们还需对这些后承关系做进一步的改造。

§5.1.3.1 从枢轴假定后承到非单调推理

枢轴假定后承是单调的，要从这里出发得到非单调的推理，就需要对K进行改造，如果K随前提集A的变化而有所改变的话，或者，更精确地说，如果K被允许以一种规律的方式随前提集A的变化而改变的话，非单调性就体现出来了。特别的，当我们选择与A一致的K的极大子集作为背景集合的话，推理就变成非单调的了。

定义4：缺省假定后承。$A \mid\!\!\sim_K x$当且仅当，对每个K'，$K' \subseteq K$且K'相对A极大一致，有$K' \cup A \vdash x$。

在这一形式下，有许多具体的研究分支。例如，筛选后承（screened consequence）规定K中包含一个完全受保护的子集K_0，K_0表示的是最稳固的知识、信念，尽管K可能随A而改变，但K_0亘古不变。例如，分层后承（layered consequence）认为K中的一些元素优先于其他元素，等等。

§5.1.3.2 从枢轴赋值后承到非单调推理

从枢轴赋值后承过渡到非单调推理的基本思想就是允许在赋值集W上作限制，使其随前提集A的改变而有所变化；或者换句话说，就是我们实际用到的那部分随A的不同而有所不同。

其中一种处理方法的基本思想是选取在某一背景排序基础下的满足前提集A的极小的赋值。

定义5：择优模型。一个择优模型是一个有序对（W，<），其中W是语言L下的赋值集合（不一定是全集V），<是W上的一个满足自反性、传递性的关系。

定义6：择优后承。给定一个择优模型（W，<），称公式x是公式集A的择优后承，记为A$|\sim_<$x当且仅当对W中的每个满足A的极小赋值v，都有v(x)=1。

§5.1.3.3 从枢轴规则后承到非单调推理

从单调的枢轴规则后承过渡到非单调的情况，仍旧是类似的思路，我们要允许规则集R（或者我们可能用到的规则集合）随前提集的变化而有所变动。

这一情况的定义随具体的逻辑不同而有所不同，要具体情况具体分析。这里不再一一列举。

§5.1.4 总结及进一步的分析

用图形来表示上述过程（见图5-1）。

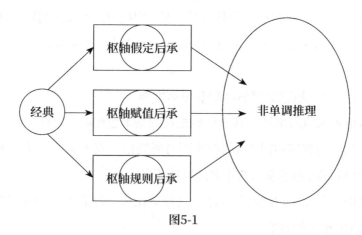

图5-1

图5-1简单地勾勒了从经典后承到非单调推理的转化过程。从经典后承出发，通过添加不同条件，我们可以分别得出超经典后承的三种类型：枢轴假定后承、枢轴赋值后承以及枢轴规则后承。三个矩形中都包括圆圈说明这三种后承都包含经典后承[①]。从这三种后承出发，我们通过技术设定让所添加部分随前提集A的变动而有所改变，这样就得到了非单调推理。

前面给出了三种不同的超经典后承，我们已经知道它们所满足的性质并不完全一致，因此它们不是相同的后承。而由不同的作为桥梁的后承出发，所得出的非单调推理在强弱等各方面也自然不尽相同。而且，每一种超经典后承下面都又有许多基于不同直观、思想及技术方法的研究分支，我们根据这些不同的研究分支就得到了不同的非单调逻辑。事实上，现实生活中的非单调本身是个复杂的综合体，我们不认为也不奢望会存在唯一的一个非单调逻辑可以刻画非单调推理的全部特性，每一种方法，都是从一个视角出发，试图刻画非单调推理的一部分。

§5.2 带排序的非单调推理

概称句（generic sentence）指的是"鸟会飞""种子发芽"等这类语句，它表达具有一定普适性的规律，但同时容忍例外。人类绝大多数的知识和信念都是用概称句表达的。我们在研究过程中发现，由于概称句容忍例外的特性，要想真正刻画有关概称句的推理，仅仅依靠单一的逻辑系统是不够的，在定义推出关系（推演）时还需要在前提集上增加

---

① 此节中还曾讨论过这三个超经典后承之间的关系，例如枢轴假定后承是枢轴赋值后承和枢轴规则后承的交集。这些性质并未在此图中体现出来。

排序的内容。

概称句推理可分为主要通过演绎方式的和主要通过归纳方式的。对于通过演绎方式进行的推理又可根据研究关注点的不同分为结论是事实句的推理和结论是概称句的推理。由于概称句的作用，这三种类型的推理都是非单调推理。通过分别考察，本文指出，这三种类型的概称句推理要想真正得以刻画，都需要引入前提集的排序的概念。进而，排序将是融合这三种类型推理的纽带。

§5.2.1 通过演绎方式得概称句的推理中的排序

§5.2.1.1 逻辑系统G_D[①]

G_D的给出是想刻画由"鸟会飞""麻雀是鸟"，得到"麻雀会飞"（简称GAG式）这样典型的通过演绎方式得概称句的推理。G_D的特征公理为：

NAM $\forall y(\alpha \rightarrow \gamma)(y/x) \rightarrow \forall y(N(\lambda x \alpha, \lambda x \beta)y \rightarrow N(\lambda x \gamma, \lambda x \beta)y))$

对应的语义条件（主项单调）：对任意的$s_1, s_2, s_3 \in \mathscr{P}(D)^w$，任意$w \in W$，如果$s_1(w) \subseteq s_2(w)$，则$N(s_1, s_3)(w) \subseteq N(s_2, s_3)(w)$。

这一条件直观是说：对任意可能世界w，若涵义s_1在w中所对应的个体集包含于涵义s_2在w中所对应的个体集，则s_1、s_2分别相对于同一谓项涵义s_3所选取的正常主项涵义$N(s_1, s_3)$、$N(s_2, s_3)$在w中所对应的个体集之间也有包含关系，即$N(s_1, s_3)(w)$包含于$N(s_2, s_3)(w)$。例如，在当下可能世界中，我们有"麻雀是鸟""鸟会飞""麻雀会飞"。相对于"会飞"来说，在当下可能世界中，"正常的麻雀"也是"正常的鸟"。主项单调条件的提出是为了刻画GAG式的推理，然而，在主项单调框架

---

① 有关系统G_D的详细语义定义及公理系统参见附录。

的条件下，对s_1, s_2, $s_3 \in S$，当$s_1(w) \subseteq s_2(w) - N(s_2, s_3)(w)(\subseteq s_2(w))$时，由主项单调条件，$N(s_1, s_3) = \varnothing$，这并不符合直观。而试图再直接加上某种限制来避免此情况，同时又能刻画GAG式的推理的尝试也并不成功。

§5.2.1.2 问题分析

直观分析

以上的尝试令人反思通过集合论作限制的方法在此的适用性及刻画能力。根据集合的定义，任意的元素都可以组成集合，因此就可能存在一些可以在形式上表达为W到$\mathscr{P}$(D)的映射的s没有日常语言可以描述的涵义与之对应，而不能用语言描述的那部分s，人们在日常选择类时通常是不会顾及的，因此集合论的处理和日常的直观不能很好地对应。

仔细地分析一下，当前提集中只包含"断了翅膀的鸟是鸟""鸟会飞"时，由于不知道"断了翅膀的鸟不会飞"，所以得到的结论是"断了翅膀的鸟会飞"，此时在选择正常的鸟时，断了翅膀的鸟是正常的鸟。而当知道"断了翅膀的鸟不会飞"时（也就是前提包含这一条时），我们才会认为断了翅膀的鸟是不正常的鸟，此时，推理结论中得到"断了翅膀的鸟不会飞"。这说明，当前提集增加时，结论可能会被收回，通过演绎得到概称句的推理是一种非单调推理。

而我们可以考虑对这样的非单调推理进行整体推出和部分推出的区分[1]。整体推出是说，在进行非单调推理时必须用到全部给定的前提。因为非单调推理指的就是在增加前提后原有的结论有可能不再是结论，因此，不能只凭部分前提就得出最终的结论，而必须要考虑到全体前提。而部分推出是说，非单调推理中有两个层次的结论，即中间结论和

---

[1] 周北海和毛翊（2004）中最早对此问题进行过讨论，周北海和毛翊（2004）中所刻画的是通过概称句得事实命题的推理，后文中还将简要介绍。

最终结论：推理是一步步完成的，每一步都有该步的结论，但因为推理的非单调性，每步的结论都可能在下一步因增加前提而被取消，为此要把推理的结论分为中间结论和最终结论。确切地说，中间结论就是部分前提的结论，最终结论就是最后考虑到全部前提后的结论。局部推出的结论就是中间结论，中间结论不一定就是最终结论。如果出现矛盾，就要去掉一些中间结论。而当前提集中不同子集所得到的局部推理的结论相结合不合常理时，就要考虑通过排序的手段得到最终的结论。

在这种分析下，就不用再奢求通过所添加的集合论条件反映全部的直观了。可以考虑先借助逻辑系统给出刻画局部推理的规律，依据这些规律，先大胆地推出中间结论；当整体上产生矛盾时，再通过排序来得到最终结论，这是比原来的通过集合限制来刻画推理更高阶的手段。而逻辑G_D所刻画的就是局部推理中大胆地推理的过程，有了大胆的推理，再通过前提集的排序，在最终结论中排除掉一些不合适的推理结论，最终刻画GAG式推理。

前提集的优先序及优先原则

建立前提集上的排序的最终目标是建立前提集子集之间的排序。而前提集子集的排序可以通过前提集中公式之间的排序来定义，因此，先来讨论公式之间的排序。我们规定公式间的严格意义上的优先首先要满足禁自反性、禁对称性及传递性。而对于通过演绎方式得概称句的推理，我们还有一些特殊的排序规律：一是具体概称句优先；二是概称句优先。

§5.2.1.3 一般优先序

一般优先序：

定义1 设Γ是任意公式集。$\succ$是Γ上的（一般）优先序，当且仅当，$\succ$是Γ上满足对任意的公式$\alpha, \beta, \gamma \in \Gamma$的二元关系（严格偏序）：

（1）$\alpha \nsucc \alpha$（即并非$\alpha \succ \alpha$）；（禁自反）

（2）如果$\alpha \succ \beta$且$\beta \succ \gamma$，则$\alpha \succ \gamma$。（传递性）

推论1　设Γ是任意公式集。Γ上的（一般）优先序$\succ$满足，对任意的公式α，β，$\gamma \in \Gamma$，如果$\alpha \succ \beta$，则$\beta \nsucc \alpha$（禁对称）。

定义2　设Γ是任意公式集，Δ和Λ是Γ的任意子集。$\Delta \geqslant \Lambda$，当且仅当，存在公式$\delta \in \Delta$，$\gamma \in \Lambda$，$\delta \succ \gamma$，并且，对任意的$\varphi \in \Lambda$，$\varphi \nsucc \delta$。$\geqslant$称为$\mathscr{P}(\Gamma)$上的优先序。$\Delta \geqslant \Lambda$读作"Δ优先于Λ"。

定义3　设Γ是任意公式集，Δ和Λ是Γ的任意子集。$\Delta > \Lambda$，当且仅当，$\Delta \geqslant \Lambda$，且并非$\Lambda \geqslant \Delta$。$>$称为$\mathscr{P}(\Gamma)$上的（公式集）严格优先序。$\Delta > \Lambda$读作"Δ严格优先于Λ"。

命题1　设Γ是任意公式集，$>$是$\mathscr{P}(\Gamma)$上的严格优先序。对任意的Δ，$\Lambda \in \mathscr{P}(\Gamma)$，

（1）如果$\Delta > \Lambda$，则$\Lambda \ngtr \Delta$（并非$\Lambda > \Delta$）。

（2）$\varnothing \ngtr \Delta$，且$\Delta \ngtr \varnothing$。

证（1）由定义3可得。

（2）由定义2，有并非$\varnothing \geqslant \Delta$且并非$\Delta \geqslant \varnothing$。再据定义3，得证。

合常理性

定义4　设Φ是任意的公式集。Φ是合常理的，当且仅当，以下两种情况都不出现：

（1）存在公式α，$\alpha \in \Phi$且$\neg \alpha \in \Phi$；

（2）存在公式$Gx(\alpha; \beta)$，$Gx(\alpha; \beta) \in \Phi$且$Gx(\alpha; \neg \beta) \in \Phi$。

定义5　设$\Delta = \{\alpha_1, \alpha_2, \cdots, \alpha_n\}$是任意有穷集。

$$\wedge\Delta = \begin{cases} a_1 \wedge a_2 \wedge \cdots \wedge a_n, & n \geq 1; \\ \bot, & \text{否则。} \end{cases}$$

定义6 设 Δ 是任意有穷公式集，$S(L)$ 是逻辑 L 的某个形式系统。

（1）$Cn(\Delta)$ 是 Δ 的 L-后承集，如果 $Cn(\Delta) = \{\alpha : |-S\{L\} \wedge \Delta \to \alpha\}$；

（2）$CN(\Delta)$ 是 Δ 的合常理 L-后承集，如果

$$CN(\Delta) = \begin{cases} Cn(\Delta), & \text{如果} Cn(\Delta) \text{是合常理的;} \\ \varnothing, & \text{否则。} \end{cases}$$

（3）对任意的 $\alpha \in CN(\Delta)$，Δ 是 α 的 L-前提集。如果对 Δ 的任意真子集 Δ'，$\alpha \notin CN(\Delta')$，则 Δ 还是 α 的极小 L-前提集。以下在不引起混淆的情况下，简称 L-前提集为前提集。

定义7 $\langle \Gamma, \succ \rangle \mid\!\sim_{S(L)} Gx(\alpha; \beta)$，当且仅当，

（1）存在 $\Delta \subseteq \Gamma$，Δ 是 $Gx(\alpha; \beta)$ 的极小前提集；并且

（2）对任意的 $\Lambda \subseteq \Gamma$，如果 Λ 是 $\neg Gx(\alpha; \beta)$ 的极小前提集，则 $\Delta \succ \Lambda$；并且

（3）对任意的 $\Lambda \subseteq \Gamma$，如果 Λ 是 $Gx(\alpha; \neg\beta)$ 的极小前提集，则 $\Delta \succ \Lambda$。

定义8 设 Γ 是任意公式集，$CN(\Gamma)$ 是 Γ 在优先序 $\succ$ 下的（概称）后承集。如果 $CN(\Gamma) = \{Gx(\alpha; \beta) : \langle \Gamma, \succ \rangle \mid\!\sim_{S(L)} Gx(\alpha; \beta)\}$。

命题2 设 Γ 是任意公式集，$\succ$ 是 Γ 上的优先关系。Γ 的后承集 $CN(\Gamma)$ 是合常理的。

证 假设 $CN(\Gamma)$ 不是合常理的，则（1）存在公式 $Gx(\alpha; \beta)$，$Gx(\alpha; \beta) \in CN(\Gamma)$ 且 $\neg Gx(\alpha; \beta)$[①] $\in CN(\Gamma)$；或（2）存在公式 $Gx(\alpha; \beta)$，$Gx(\alpha; \beta) \in CN(\Gamma)$ 且 $Gx(\alpha; \neg\beta) \in CN(\Gamma)$。

---

① 可能存在 $Gx(\delta; \gamma) \leftrightarrow \neg Gx(\alpha; \beta)$。

对（1）如果$\langle\Gamma,\succ\rangle\vdash_{S(L)}Gx(\alpha;\beta)$，由定义7，存在$\Delta\subseteq\Gamma$，$\Delta$是$Gx(\alpha;\beta)$的极小前提集①，且对任意的$\Lambda'\subseteq\Gamma$，如果$\Lambda'$是$\neg\,Gx(\alpha;\beta)$的极小前提集，则$\Delta\succ\Lambda'$②。

同理，如果$\langle\Gamma,\succ\rangle\vdash_{S(L)}\neg\,Gx(\alpha;\beta)$，由定义7，存在$\Lambda\subseteq\Gamma$，$\Lambda$是$\neg Gx(\alpha;\beta)$的极小前提集③，并且对任意的$\Delta'\subseteq\Gamma$，如果$\Delta'$是$Gx(\alpha;\beta)$的极小前提集，则$\Lambda\succ\Delta'$④。

由②③有$\Delta\succ\Lambda$⑤，由①④有$\Lambda\succ\Delta$⑥。

由⑤⑥及命题1得矛盾。因此（1）不成立。

（2）不成立的证明类似。

由此，Γ的后承集$CN(\Gamma)$是合常理的。

设Γ任意公式集。对任意有穷公式集$\Delta\subseteq\Gamma$，$CN(\Delta)$是以Γ为前提集的某个局部推出的结论集。$CN(\Gamma)$是以Γ为前提集的整体推出（概称句）的结论集。

§5.2.1.4 通过演绎方式得概称句的推演的优先序

定义9 设Γ是任意公式集，$\succ$G是Γ上的G-优先序，当且仅当，$\succ$G是Γ上的一般优先序，并且满足条件：

（1）对任意的公式α，β，γ，δ，如果$\forall x(\alpha\rightarrow\beta)\in\Gamma$，且$Gx(\alpha;\gamma)$，$Gx(\beta;\delta)\in\Gamma$，则$Gx(\alpha;\gamma)\succ_G Gx(\beta;\delta)$；（具体概称句优先）

（2）对任意的公式α，β，如果$\forall x(\alpha\rightarrow\beta)\in\Gamma$，且$Gx(\alpha;\gamma)\in\Gamma$，则$Gx(\alpha;\gamma)\succ_G\forall x(\alpha\rightarrow\beta)$。（概称句优先）

由$\succ$G得到的$\mathscr{P}(\Gamma)$上的严格优先序记作$\succ_G$。根据定义8和定义9，有$\langle\Gamma,\succ G\rangle\vdash_G Gx(\alpha;\beta)$。

这是以逻辑G为基础的，以G-优先序为前提集优先序，从Γ到$Gx(\alpha;\beta)$的通过演绎得概称句的推演。取G为G_D，就可以进行GAG式推理了。

§5.2.1.5 通过演绎方式得概称句的推演的优先序的例子

以下的例子可以通过上面定义的排序来验证[1]。

（1）麻雀和企鹅

G_D中有内定理$\forall x(\alpha \to \beta) \to (Gx(\beta;\ \gamma) \to Gx(\alpha;\ \gamma))$，如果用$\forall x(\alpha \to \beta)$表示"麻雀是鸟"，$Gx(\beta;\ \gamma)$表示"鸟会飞"，根据这条内定理，就可以进行由"麻雀是鸟"和"鸟会飞"得到"麻雀会飞"这样的GAG式推理。

而根据具体概称句优先原则，当前提集中包含"企鹅是鸟"时，我们由此知道企鹅是比鸟更具体的东西，从而主项是企鹅的概称句（例如"企鹅不会飞"）在推理时要优先于主项是鸟的概称句（例如"鸟会飞"）。因此我们的结论是"企鹅不会飞"，而不是"企鹅会飞"。同样应用前提集排序的具体概称句优先原则，我们又可避免从"残缺翅膀的鸟不会飞""残缺翅膀的鸟是鸟"和"鸟会飞"得到"残缺翅膀的鸟会飞"的推演过程。

（2）逻辑学家的身份证号是奇数？

关于概称句的性质讨论中，存在这样的问题，即使"所有逻辑学家的身份证号是奇数"是事实，也不一定得到"逻辑学家身份证号是奇数"这样的概称句。我认为，这种现象也可以通过概称句的推理前提集带排序来解释。对于结论是概称句的推理，当前提集中包含具相同主项的事实句$(\forall x(\alpha \to \beta))$和概称句$(Gx(\alpha;\ \gamma))$时，由于最终是要得到概称句，因此相对事实命题来讲，前提集中的概称句对结论的影响更大，此时，概称句$Gx(\alpha;\ \gamma)$的推理优先于事实句$\forall x(\alpha \to \beta)$的推理。由此，由"所有逻辑学家的身份证号是奇数"得不到"逻辑学家身份证号是奇

---

[1] 具体的形式化验证较为烦琐，感兴趣的读者可参见张立英（2013）。

数"是因为推理的前提集中已经包含了可推出反面结论①的概称句，例如推理的前提集中已经包含了"逻辑学家身份证号是随机的"这样的概称句，并由此可得出"并非逻辑学家的身份证号是奇数"，而由于可推出反面结论的概称句在推理中优先，就不会得出"逻辑学家的身份证号是奇数"了。但是，假设推理前提中没有可得到反面结论的概称句，我们就会得到"逻辑学家的身份证号是奇数"这一概称句；假设没有先入之见，对于未知的情况，如果我们看到的全部实例都是真的，我们一般就接受由事实命题而来的概称句（这在某种程度上可以解释"鸟会飞"最初是从哪里来的），即使我们还没有找到什么内在的规律，我们会认为存在潜在的规律，或者认为这就是规律。

§5.2.2 结论是事实句的概称句推理中的排序

结论是事实句的概称句推理有时又被称为常识推理（参见周北海和毛翊，2004）。其中Gaa式是这类推理的一个代表。所谓Gaa式推理，即从"鸟会飞""小翠是鸟"得到"小翠会飞"这样的推理。由于包含概称句，结论是事实句的概称句推理仍旧是非单调推理。周北海和毛翊（2004）详细地讨论了这种类型的非单调推理的排序的问题，在常识推理的基础系统M的基础上，给出了这种类型推理的前提集的排序的形式化刻画②。具体定义中的一般优先序仍旧是严格偏序，而特殊的排序规

---

① 设事实命题为$\forall x(\alpha \rightarrow \beta)$，则其对应的概称句是$Gx(\alpha; \beta)$。假设前提集还包含与事实命题同一主项的概称句$Gx(\alpha; \gamma)$，如果由概称句$Gx(\alpha; \gamma)$可得出$Gx(\alpha; \neg\beta)$或$\neg Gx(\alpha; \beta)$，就称概称句$Gx(\alpha; \gamma)$推出了$Gx(\alpha; \beta)$的反面结论。

② 需要表明的是，关于前提集的排序，周北海和毛翊（2004）的工作在先，本文中有关演绎方式得概称句的推理中排序的刻画是受其启发给出的。不过，这两种类型的推理由于研究侧重点不同，所给出的基础逻辑并不相同，同时，周北海和毛翊（2004）中推出关系定义的基础是常识蕴涵＞，而上文中推出关系定义的基础是实质蕴涵→。

则有两条：**具体常识优先**和**事实优先**。这种形式化刻画可成功地解释尼克松菱形、企鹅原则、二层企鹅原则等例子，而这些例子俗称为这类研究中的试金石（benchmark）问题。

§5.2.3 通过归纳得到概称句的推理中的排序

§5.2.3.1 从全称句到概称句

关于归纳推理，有不同界定。一种较为流行的说法是：从个别性知识推出一般性结论的推理。这种一般性的知识，过去一直被表达为全称句。最早培根和穆勒认为可以通过一定的科学方法得到确定的结论（全称句），而伴随古典概率论的发展，人们开始用概率去表述所得结论的可能程度，因为人们不再认为得出的结论是确定的。而今，我们通过概称句来表示归纳结论[①]。这是一种观念上的转变。

§5.2.3.2 "天鹅是白的"？

"天鹅是白的"是归纳推理研究中经常讨论的问题。为什么我们观察到很多只白色羽毛的天鹅，而仍旧不认同"天鹅是白的"的这一结论？

这道理类似于上文讨论过的 "逻辑学家的身份证号是奇数"的例子。我们得不出"天鹅是白的"，即使我们当下观察到的所有天鹅是白的[②]。这实际上是由于推理的前提集中已经包含了 "天鹅的羽毛颜色是多样的" 这样的概称句，由于已经有了这一概称句，我们就不再通过归纳方式得出概称句"天鹅是白的"了。这个"得不出"的推理实际上

---

① 完全归纳法的结论是全称句，但完全归纳法本质上是一种演绎推理。

② 后来在澳洲发现了黑天鹅。

还不能算作归纳推理，原因在通过演绎方式得概称句的推理部分我们就讨论过了。这个过程隐藏了一个优先原则，即定义9的**概称句优先**。

然而，天鹅问题不是归纳推理中的经典案例吗？！细心的读者可能会想到，关键问题在于："天鹅的羽毛颜色是多样的"从哪里得来？这一问题莱欣巴赫在讨论交叉归纳法时曾谈到过（参见邓生庆和任晓明，2006），我们来重新分析一下。人们从现场或书本视频中看到的白色、黑色、灰色等各种颜色羽毛的鸭子得出"鸭子的羽毛颜色是多样的"；从现场或书本视频中看到的绿色、白色、绿色与其他颜色相间等颜色羽毛的鹦鹉得出"鹦鹉的颜色是多样的"；由现场观察或从书本视频中看到白色、灰色、黑白相间等颜色羽毛的家鹅得出"家鹅的羽毛颜色是多样的"；等等。以上种种，都是事实句，由这些事实句出发，通过归纳推理，我们得到概称句"禽类的羽毛颜色是多样的"，而再由"天鹅是禽类"，根据Gaa式，我们得到"天鹅的羽毛颜色是多样"。也许读者很自然地会想到，同样包含归纳推理，为什么我们要根据观察鸭子、鹦鹉等其他家禽得到"天鹅的羽毛颜色是多样的"，而不是根据观察到的多只白天鹅，得出"天鹅是白的"呢？莱欣巴赫把这一现象解释为交叉归纳法。而我认为，这一推演或思维的过程，仍旧包含着前提集的排序。具体总结应为：

对任意的公式 α，β，γ，δ，如果 $\forall x(\alpha \to \beta) \in \Gamma$，且 $Gx(\alpha; \gamma)$，$Gx(\beta; \delta) \in \Gamma$，则 $Gx(\beta; \delta) \succ_G Gx(\alpha; \gamma)$。

我把这一规律称为**类概称句优先**。[①]类概称句优先与之前的具体概称句似乎是反方向的排序，然而，如果考虑到演绎和归纳也是"反方向"（从一般到个别和从个别到一般）的推理，有这样的结论也就不足为奇了。

---

① 需要说明的是，有关归纳部分的讨论还没有给出背后的基础逻辑，因此这里的形式表达仍旧只是直观的讨论。

§5.2.4 小结

§5.2.4.1 归纳与演绎

为了研究需要，我们将概称句推理分为三种类型，分别进行讨论，但这只是技术上的分类，在实际生活中，有关概称句的推理通常是归纳演绎共同作用的结果。例如，在"天鹅是白的"这个例子中，我们看到，要想真正把这一思维过程解释清楚，除了纯归纳推理，还涉及GAG以及Gaa式的推理，而这两者正是前面讨论的两种演绎方式的概称句推理中的典型性推理。

当我们进行归纳推理时，在最初阶段，可能有一些结论基本上是通过简单枚举的方式得来的。随着获得概称句的增多，这些概称句就开始对新的归纳产生影响。这逐渐构成了我们今天的推理模式。这样，到了今天，当我们讨论结论是概称句的推理时，归纳固然不可或缺，而演绎的方式却起着越来越重要的作用。

§5.2.4.2 作为纽带的排序

本文分析了由于概称句容忍例外的特性导致包含概称句的推理是非单调的。进而，我们把推演分为整体推出和部分推出，引入了前提集的排序概念。上述三种类型的概称句推理，在日常生活中经常交错在一起，而在具体的研究过程中，我们发现这几种类型的推理有不同的性质，因此暂时分别进行研究。目前，前两种推理的排序已经得到了形式化的严格表述，而对于归纳推理的部分我们仍须把直观的想法进一步精确化。终极的理想目标当然仍是尽可能将三者融合，就像日常生活中那样。由于排序是形式刻画中更"粗线条"的骨架式的部分，因此，一个自然的想法是以排序为纽带，将这三种在日常生活中本来就紧密相连的推理融合在一起。然而，具体的过程仍旧是一个有待细化研究的、有意思的话题。

附录：系统G_D

1. 语言与语义

形式语言$\mathscr{L}_G$有可数无穷多个变元符号、常项符号以及一元谓词符号，命题常项符号$\bot$，联结词$\to$，量词符号$\forall$，辅助符号$($，$)$。在此基础上，新加命题联结词符号$>$，λ，N；个体变元x，y，z；常项a，b，c；表示任意个体词的t；谓词符号P，Q等。

公式$\alpha::=\bot|Pt|\alpha\to\beta|\forall x\,\alpha|\alpha>\beta|(\lambda x\alpha)t|N(\lambda x\alpha,\lambda x\beta)t|$

被定义符号$\top$，$\neg$，$\wedge$，$\vee$，$\leftrightarrow$，$\exists$。定义如常。

$Gx(\alpha;\beta)=_{df}\forall x(N(\lambda x\alpha,\lambda x\beta)x>\beta)$

四元组 F$=<$W，D，$\mathscr{N}$，$\circledast>$ 是**框架**，如果W，D是非空集，S$=\mathscr{P}(D)^W$，N是S$\times$S$\to$S上的函数，$\circledast$是W上的集选函数，且对任意的$w\in$W，任意s_1，$s_2\in$ S，如果$s_1(w)\in s_2(w)$，则对任意$d\in$D，$\circledast(\{w\}$，$[d$，$s_1])\subseteq[d$，$s_2]^{①}$。其中集选函数$\circledast$：$\mathscr{P}(W)\times\mathscr{P}(W)\to\mathscr{P}(W)$，$\circledast$满足对任意X，Y，Z，X$'$，Y$'\subseteq$W，

（1）若 X$\subseteq$X$'$，则$\circledast$(X，Y)$\subseteq\circledast$(X$'$，Y)；

（2）若对X中任意的w都有$\circledast(\{w\}$，Y)$\subseteq$Z，则$\circledast$(X，Y)$\subseteq$Z；

（3）若$\circledast$(X，Y)$\subseteq$Z，则$\circledast$(W，X$\cap$Y)$\subseteq$Z；

（4）$\circledast$(X，Y)$\subseteq$Y；

（5）若$\circledast$(X，Y)$\subseteq$Z且$\circledast$(X，Y$'$)$\subseteq$Z，则$\circledast$(X，Y$\cup$Y$'$)$\subseteq$Z；

（6）若$\circledast$(X，Y)$\subseteq$Y$'$且$\circledast$(X，Y$'$)$\subseteq$Z，则$\circledast$(X，Y)$\subseteq$Z。

一个六元组$<$W，D，$\mathscr{N}$，$\circledast$，η，$\sigma>$是**模型**，如果$<$W，D，N，$\circledast>$是框架，η是F上的解释，σ是变元集到个体域D的映射，称为

---

① 设W，D是任意非空集，$[$，$]$是D$\times$S$\to\mathscr{P}(W)$上的函数，$[d$，$s]=\{w\in$W：$d\in s(w)\}$。

指派。[①]

设$M=<W, D, \mathcal{N}, \circledast, \eta, \sigma>$是任意模型，$\phi$是任意公式。$\| \phi \|^M$是满足如下条件的集合：$\| \perp \|^M$、$\| Pt \|^M$、$\| \alpha \to \beta \|^M$、$\| \forall x \alpha \|^M$定义如常；

$\| \alpha > \beta \|^M = \cup \{X \subseteq W : \circledast(X, \| \alpha \|^M) \subseteq \| \beta \|^M\}$；

$\| N(\lambda x \alpha, \lambda x \beta)t \|^M = \{w \in W : t^M \in \mathcal{N}((\lambda x \alpha)^M, (\lambda x \beta)^M)(w)\}$，

其中$(\lambda x \alpha)^M \in I(W, D)$，满足：对任意的$w \in W$，$(\lambda x \alpha)^M(w) = \{d \in D_M^n : w \in \| \alpha \|^{M(d/x)}\}$。

设M和α分别是任意的模型和公式，$X \subseteq W_M$，$X \neq \varnothing$。α在X上真（记为$M \models_X \alpha$），当且仅当，$X \subseteq \| \alpha \|^M$。当$X = \{w\}$时，称$\alpha$在$w$上是真的；当$X = W_M$时，称$\alpha$在$M$上有效，记作$M \models \alpha$。

α是**有效的**（记作$\models \alpha$），当且仅当，对任意的模型M，$M \models \alpha$。

一个$<W, D, \mathcal{N}, \circledast>$框架是**概称框架**，当且仅当，该框架满足：对任意的$s_1, s_2 \in S$，$\mathcal{N}(s_1, s_2) \subseteq s_1$，且$N(s_1, s_2) = \mathcal{N}(s_1, s_2^{\sim})$。

一个$<W, D, \mathcal{N}, \circledast>$框架是**主项单调框架**，当且仅当，该框架是概称框架且满足：对任意的$s_1, s_2, s_3 \in \mathscr{P}(D)^W$，任意$w \in W$，如果$s_1(w) \subseteq s_2(w)$，则$\mathcal{N}(s_1, s_3)(w) \subseteq \mathcal{N}(s_2, s_3)(w)$。

一个模型$<W, D, \mathcal{N}, \circledast, \eta, \sigma>$是**主项单调模型**，当且仅当，$<W, D, \mathcal{N}, \circledast>$是主项单调框架。

2. 一个关于概称句（局部）推理的逻辑系统G_D

G_D在如下公理模式和规则下封闭。

2.1 公理模式：

T   所有重言式

$\forall^-$ $\forall x \alpha \to \alpha(x/t)$

---

① η和σ的具体定义可参见张立英（2013）。

$\forall_\rightarrow$	$\forall x(\alpha\rightarrow\beta)\rightarrow(\forall x\alpha\rightarrow\forall x\beta)$
$>_{BF}$	$\forall x(\alpha>\beta)\rightarrow(\alpha>\forall x\beta)$ （x不是α中的自由变元）
CK	$(\alpha>(\beta>\gamma))\rightarrow((\alpha>\beta)\rightarrow(\alpha>\gamma))$
$>_{MP}$	$(\alpha\wedge(\alpha>\beta))>\beta$
TRAN	$(\alpha>\beta)\rightarrow((\beta>\gamma)\rightarrow(\alpha>\gamma))$
AD	$(\alpha>\gamma)\wedge(\beta>\gamma)\rightarrow(\alpha\vee\beta>\gamma)$
IC	$\forall x(\alpha\rightarrow\beta)\rightarrow\forall x(\alpha>\beta)$
N	$\forall y(N(\lambda x\alpha,\lambda x\beta)y\rightarrow\alpha(y/x))$
N¬	$\forall y(N(\lambda x\alpha,\lambda x\beta)y\rightarrow N(\lambda x\alpha,\lambda x\neg\beta)y)$
NAM	$\forall y(\alpha\rightarrow\gamma)(y/x)\rightarrow\forall y(N(\lambda x\alpha,\lambda x\beta)y\rightarrow N(\lambda x\gamma,\lambda x\beta)y))$

2.2 初始规则：

MP	由α和$\alpha\rightarrow\beta$，得β。
$\forall^+$	由α，得$\forall x\alpha$。
RNEC	由$\beta\leftrightarrow\gamma$，得$\forall y(N(\lambda x\alpha,\lambda x\beta)y\leftrightarrow N(\lambda x\alpha,\lambda x\gamma)y)$。
RNEA	由$\beta\leftrightarrow\gamma$，得$\forall y(N(\lambda x\beta,\lambda x\alpha)y\leftrightarrow N(\lambda x\gamma,\lambda x\alpha)y)$。

2.3 与概称句相关的定理及导出规则：

ThG_D1	$\forall x(\alpha\rightarrow\beta)\rightarrow(Gx(\beta;\gamma)\rightarrow Gx(\alpha;\gamma))$
ThG_D2	$Gx(\alpha;\beta)\rightarrow Gx(\alpha\wedge\gamma;\beta)$
ThG_D3	$Gx(\alpha\vee\beta;\gamma)\rightarrow Gx(\alpha;\gamma)$
RGIC	由$\alpha\rightarrow Gx(\beta;\gamma)$，得$Gx(\alpha\wedge\beta;\gamma)$。

G_D相对主项单调框架的可靠性和完全性证明可参见张立英（2013）。

§5.3 可推翻论证的刻画

可推翻论证①系统是非单调推理研究领域近年来最为活跃的分支之一，可推翻论证系统以一个个论证作为最小研究单位，而不是像其他的分支及经典逻辑那样从命题或者命题中的成分开始研究，在这一研究视角下，新的前提不会使论证作为一个论证变成无效的，而只会引起反面的论证。本节对可推翻论证研究的基本框架和内容进行梳理，同时对可推翻论证系统中的不同结果进行比较，对可推翻论证系统和其他非单调推理研究分支进行比较，并指出以论证为基点是研究非单调推理的恰当切入点，而可推翻论证分支在非单调推理领域有很好的发展前景和广阔的应用空间。

§5.3.1 非单调推理

20世纪70年代，在人工智能研究的推动下，非单调推理研究在欧美首先产生并发展起来，逐渐成为人工智能、逻辑学等多领域的研究热点问题。非单调推理的核心性质是可推翻性（defeasibility）：通过非单调推理得出的结论在给出新证据的情况下可能会被推翻。由于日常推理大多是可以被推翻的非单调推理，在经典的单调推理已被充分研究的今天，这一研究领域不断升温，经历了近四十年的发展，已经得到缺省逻

---

① 可推翻论证（defeasible argumentation），defeasible在中国人工智能领域有时被翻译为可废止，本文翻译为可推翻，原因在于 "废止" 似更强调静态结果，而 "推翻" 似更强调动态过程，而非单调推理是一个不断变化的动态过程；argumentation 有时也被翻译成论辩，以凸显不同的论证（者）间的对立冲突情况，而笔者认为，论证可涵盖的研究范围更广，因此翻译为论证。

辑①、限界理论、自认知逻辑、非单调模态逻辑、正常条件句逻辑、概率推理等一批重要结果。

非单调推理分支有很多，但多数分支都以"鸟会飞"这样的常识（default）为分析的出发点，通过对常识的限制来试图刻画非单调推理，这些研究因此又常被称作**常识推理研究**。具体而言，这些分支对常识作限制的方式又可粗略分为三类：（1）限制被当作常识的前件的附加条件；（2）在对常识的应用中体现限制；（3）把常识当作可推翻条件句内在意义来进行刻画。以"鸟会飞"为例，类型（1）考虑对谓词"……是鸟"加上某种限制条件而使得该常识成立；类型（2）的典型例子是赖特1980年发表于人工智能杂志中的经典论文（Reiter，1980）中所给出的缺省逻辑的处理方式，这一处理直接把常识当作规则来使用；类型（3）则借用条件句逻辑和源自模态逻辑的可能世界语义学来进行解释，如亚瑟等（Asher 和 Morreau，1995）将"鸟会飞"解释成"鸟在正常的情况下会飞"等。这三类处理下，又有很多具体的研究分支。而区别于以常识为研究起点的非单调推理研究，还有一类研究直接从推理和论证的层面去研究非单调推理，即本文将重点阐述的可推翻论证逻辑系统。

§5.3.2 可推翻论证逻辑系统

与其他非单调推理研究的分支相比，可推翻论证更侧重于对推理结构的研究，它的研究基点是论证（argument），即以一个个论证作为最小研究单位，而不是像其他的分支及经典逻辑那样从命题或者命题中的成分开始研究。在可推翻论证系统中，经典逻辑或其他一些研究分支中

---

① 本文将 default logic 翻译成缺省逻辑，特指人工智能领域的由Reiter（1980）最早给出的逻辑；而将default和default reasoning分别翻译成"常识"和"常识推理"。

重点给出的逻辑系统被当作潜在的逻辑来给出，论证系统是基于一个潜在的逻辑和相关的逻辑后承概念而建立的，区别于其他一些分支中定义的非单调后承，这里的后承概念仍旧是单调的：新的前提不会使论证作为一个论证变成无效的，它只会引起反面的论证。

具体而言，一个可推翻论证逻辑系统包含五个元素：**一个潜在的逻辑**[①]，**论证**（argument）**的定义**[②]，**论证之间的冲突**（conflicts），**论证之间的打败**（defeat）**关系**，**论证状态的定义**。其中潜在的逻辑以及论证的定义与经典逻辑系统中的标准样式基本一致，而剩下的三种元素则是使一个论证系统成为可推翻论证框架的重要因素：**冲突**又被称作攻击（attack）或反面论证（counterargument），可分为两个论证的结论相矛盾、论证的假设与新前提相冲突、原论证中的推理规则被否定等几种类型。对冲突的研究重点在于探讨和阐释冲突及冲突的类型，并未对发生冲突的两方的强弱进行评估，而**打败**关系则是为了比较冲突双方的强弱而引入的。打败设定为一种二元关系，具体分为两种：**攻击且不弱于，攻击且强于**。至于如何评估论证之间的打败关系，不同研究分支差异很大，也因此产生了不同的研究方向：如人工智能领域中有特殊优先规则（specificity principle），而另一些研究分支则认为就一般性的打败关系而言，论域独立的规则是不存在的或者非常弱的，而关于论域的语义才是更重要的。打败关系只决定两个论证之间的比较关系，并没有得出最终结论，要想得出最终结论，还需要讨论论证的状态。一个论证主要有三种状态：**辩护成功**（justified），**可防御的**（defensible），**被驳回**（overruled）。这些状态的定义可以是描述式的（declarative），也

---

① 一些论证系统假设某一个具体的逻辑，其他的系统则使用潜在的逻辑或者完全不指明具体的逻辑，这样这些系统可以被不同的逻辑具体化。

② 论证概念对应着逻辑中的证明或存在一个证明。论证有时被定义成基于前提的推理树；有时则是这些推理的序列，就像演绎推理中那样。有些系统就简单地把一个论证定义成前提和结论的对。

可以是编程式的（procedural）。技术处理上，可以通过引入固定点算子或通过论证的递归定义的形式来定义状态指派。

尽管不同的研究中所用概念术语差异很大，但五个元素的区分以及对冲突、打败关系、论证状态的细致分类却是相似的，对于这些分类和区分，目前已经有了很多细致的研究结果，如Dung（1995, 2009）、Bondarenko等人（1997）、Pollock（1992）、Simari和Loui（1992）、Prakken等人（1997, 2002）、Booth等人（2013）等。我国学者近些年来也做出了一些与国际接轨的工作，如Beishui（2015）等。弱化逻辑系统的内部结构，可以将关注点集中在冲突、打败以及状态等概念，使非单调推理的结构得以清晰地呈现出来，这是用可推翻论证系统研究非单调推理的最大优势。

§5.3.3 可推翻论证系统各研究分支间的关系

可推翻论证研究领域尽管还很年轻，但已经产生了丰富的成果。对这些研究成果进行比较会发现除了术语上的差异，还存在着很多不同的意见。这些不同有些源于对非单调推理所需满足的性质的观点上的差异，如是否需满足累积性等；有些则体现研究关注点的差异：一些系统的形式化是针对逻辑理想的推理者，另一些则想表达局部计算的想法，即基于推理者所实际构造的论证，而不是所有可能的论证来评估论证。差别之外，这些系统之间仍有很多相似性和关联性，它们之间很大程度上是可以相互翻译的，这体现在有些系统仅仅是抽象化程度的差异，有些系统则是另一些系统的扩张。而关于状态的描述式定义和编程式定义更像一个硬币的两面，描述式定义类似经典逻辑中的语义定义，编程式的定义则类似经典逻辑中的语法部分。除了术语的相互转化，邦达伦科等人（Bondarenko, 1997）考虑了将这些系统统一化的可能性，并建立了一个形式化的元理论，他们的研究表明很多论证基点的系统之间的差异只是几个基本议题的变种。此外，波洛克（Pollock, 1992）关于局部计算和可推翻推理的充分条件（criteria）的探讨则为更多的元理论研究铺平了道路。

§5.3.4 可推翻论证系统与其他非单调推理进路

可推翻论证系统对支持和反对某一结论的论证进行构建和比较，在这些系统中，基本概念不是可推翻条件句，而是可推翻论证。即使更多可能会引起冲突的前提被添加进来，一个论证仍旧保持是一个论证。而非单调性或说可推翻性是以（两个）冲突的论证之间的互动的形式来进行解释的。这是这一方向与其他非单调推理研究进路的重要区分。

邦达伦科等人（Bondarenko et al., 1997）除了探讨了不同可推翻系统之间的关系，还展示了很多非单调推理逻辑都可以被形式化成论证基点的形式。而普拉肯和沃思维基（Prakken, H. and Vreeswijk, G., 2002）则探讨了论证系统可以与以上讨论过的关于常识的每一个观点相结合，即嫁接在一起的可能性。其中，通过对常识的前件增加附加条件来作限制的方向可以理解为把一个论证看作从一集增补了正常性陈述的前提出发的标准推导；这种情况下，反面论证就是对这样的正常性陈述的攻击。对于在常识的应用中体现限制的观点，则可以通过把论证看作从前提的一个一致子集出发的标准推导来形式化；这种情况下，一个反面论证攻击的是一个论证的前提。最后，关于常识的"语义"观点可以通过建构包含语义上不有效的推理规则（如分离规则M.P）的论证来形式化；这种情况下，反面论证攻击的是这样的推理规则的使用。

除了用来刻画常识推理，可推翻论证系统还可用于更广的讨论范围。首先，论证系统可以应用于任何形式的带矛盾信息的推理，不管这些矛盾是否与规则和例外有关；这些矛盾可能是对来自几个不同渠道的信息进行推理所产生的，也可能由于信念或道德、伦理、政治立场上的不同观点所引起。此外，论证系统允许在论证的构建和攻击中出现归纳、分析、回溯等这些非演绎推理，而这些非经典推理在大多数非单调逻辑的处理范围之外。

§5.3.5 可推翻论证系统与经典逻辑

格拜在近些年来发表的论文（Gabby, 2011）中探讨了可推翻论证系统和经典论证系统之间的关系。格拜证明了栋（Dung, 1995, 2009）的抽象论证框架的某些版本与经典命题逻辑是等价的，指出栋所给出的攻击关系即经典逻辑中的广义皮尔士–奎因箭头（Dagger），该联结词可生成经典逻辑中的其他联结词：¬，∧，∨，→。格拜在完成了以上的对应后，还给出了与经典逻辑的变种平行的栋的论证框架的变种，比如资源逻辑（resource logic）、命题逻辑等，同时构造了资源论证的框架、谓词逻辑的框架等。

§5.3.6 小结

可推翻论证系统可以应用于很多领域。除了关注非单调常识推理的人工智能领域外，可推翻论证研究在法律推理领域也得到了广泛的关注和研究。法律推理经常发生在对抗情境中，在其中像论证、反面论证、反驳和攻击是普遍使用的概念，正是由于在法律推理领域的强应用，可推翻论证系统有很多时候又被翻译成可推翻论辩系统。除此之外，论证系统还已经被应用在医学推理、谈判乃至石油勘探的风险评估中（在这些领域的应用的扩展说明，参见Prakken, H., Vreeswijk, G., 2002, pp. 219-318）。我国学者还将可推翻规则引入3D打印技术中（Y. Yao, 2016）。如前所述，论证系统允许在论证的构建和攻击中出现归纳、分析、回溯等非演绎推理，这也使得可推翻论证系统相较其他研究分支更有可能被应用在更广的领域之中。

作为一个正在蓬勃发展的研究方向，可推翻论证研究领域还有很多开放性问题。基本概念方面，前文中提到的三种冲突类型是否是全部的冲突类型还有待进一步考察；关于状态定义的描述式和编程式还有待进一步完善和比较；局部计算概念的完善和应用也有待进一步的工作。此外，经典逻辑的研究中，关于逻辑系统的评价，有一致性、完全性、复杂性等标准的保障；但可推翻论证系统是建立在潜在逻辑之上的理论，是否能够或是否需要建立类似的评价标准，是值得研究者认真探讨的问题。

作为曾经以分析"鸟会飞"这样的常识的内部结构为起点的非单调推理研究者，我认为以论证为起点的可推翻论证分支在非单调推理领域有很好的发展前景和广阔的应用空间。仔细分析起来，也许正是由于推理的非单调性本质上是论证结构层次的性质，把依赖的语言和逻辑潜在化，暂时忽略掉一些内部结构，专注于论证结构的刻画，在非单调推理的推理结构还未被研究清楚的当下，是一种合适的选择。在非单调推理的结构被充分刻画之后，把潜在的语义分析和逻辑细节慢慢补充完整，是逻辑学者的另一种选择。

第六章　归纳推理①

　　本章首先结合历史给出归纳推理的去概率化的界定，在简要回顾用概率方法解释归纳推理的研究之后，提出了归纳推理的一种概称句解释，并从表达不确定性的方式、处理范围及应用性等角度对归纳推理研究的概率方法和概称句方法进行了比较。基于以上工作，可以得出结论，要表达归纳推理结论的不确定性和刻画非单调的归纳推理，并非只能使用概率方法，用概称句和包含概称句的推理来刻画归纳推理是另一种可行且十分自然的方法。

§6.1 归纳推理研究的演进

　　推理研究的古典时期，学者们希冀通过归纳方法得出确定的结论，如穆勒认为，所谓归纳，就是"发现和证明普遍命题的活动"（邓生庆和任晓明，2006，p. 41）。归纳推理研究的现代时期，研究者不再认为通过归纳推理可以得到确定无误的结论，转而寻求方法来表示不确定

---

① 本章在论文《归纳推理的概称句解释》（《哲学分析》，2017年第2期）基础上整理而成，有所修改和增补。

性。20世纪初期，结合当时的古典概率论理论，凯恩斯建立了归纳推理的第一个逻辑系统，开创了用概率方法研究归纳推理之路。直至今天，归纳推理研究一直沿着这一道路发展，归纳和概率似乎被捆绑在一起了。本文将打破这种捆绑，透过概称句视角重新考察归纳推理，并给出归纳推理的一种概称句解释。

§6.1.1 归纳推理的界定

先来看两个推理：

（1）碳酸（H_2CO_3）中含有氧元素；

硫酸（H_2SO_4）中含有氧元素；

硝酸（HNO_3）中含有氧元素；

……

碳酸、硫酸、硝酸都是酸；

酸中都含有氧元素。

（2）种瓜得瓜，种豆得豆；

小红在地里种了一颗西瓜种子；

小红会收获大西瓜。

从今天的眼光来看，（1）（2）都在归纳推理研究范围之内，它们分属不同的类型，其中例（1）从多个有关个体的结论得到一般性结论，例（2）从一般性结论出发得到有关个体的结论。然而，从历史的发展角度来看，归纳推理的界定却经历着变化。早在古希腊时期，亚里士多德就提出"归纳法是从个别到一般的过程"（邓生庆和任晓明，2006，p. 11），以示其与演绎推理的区别，这一断言或学说界定的影响持续了相当长的一段时间①，从亚里士多德时代一直到古典时期的成熟期，对归纳推理的界定的主流认知都锁定在推理（1）这种类型。到了归纳推理研究的现代时期，受到当时古典概率论的影响，研究者们把归纳推理的结论处理成具有一定概率的结论。这一阶段，类似于推理（2）这样的得到关于个体的结论的推理被纳入归纳推理的研究范围，掷骰子、抛硬币、摸球等（个体事件）的概率成为这时期归纳推理讨论中的经典案例。概率方法的引入对归纳推理研究产生了巨大而广泛的影响，以至于当下归纳推理的通行定义中都包含概率字眼："从广义上说，归纳推理就是结论断定范围超出前提断定范围的概然推理。"（李小五，1996，p. 58）而本文认为，"归纳推理的结论不是确定无误的"这一点毫无疑问，但作为研究这一推理的方法和手段，引入概率论的观念和方法仅是其中一个方向，如果过滤掉概率描述，我们可以对归纳推理作出如下界定：有别于演绎推理，归纳推理的前提和结论之间具有或然性关系，即当其前提真时其结论可能真但不必然真②。在这样的解读下，我们可以抛开概率解释的束缚，重新来考察归纳推理。

　　抛开是否引入概率字眼的问题，上文的两种界定都是从广义角度对归纳推理作概括，在这样的概括下，除了（1）（2）这样的归纳推理类型，类比法等也被纳入研究范围。本文暂不讨论类比法等，关注点主要集中在（1）（2）这样的（狭义）归纳推理。

---

① 当下国内的普通逻辑教材在提及归纳和演绎的区别时通常沿袭这一说法。按照这一定义，简单枚举法属归纳推理，但获得关于个体的结论的类比不属归纳推理。但有一点需要注意，亚里士多德本人却并没有一直保持一致，如在《论题篇》中，可以找到亚里士多德对归纳推理的另一种定义："从知道的推到不知道的"（邓生庆，任晓明，2006，p. 13）。

② 陈晓平总结："归纳逻辑是关于或然性推理的逻辑。或然性推理是这样一种推理：当其前提真时其结论很可能真但不必然真。"（参见陈晓平，2000，p. 21）。

§6.1.2 用概率方法解释归纳推理

20世纪初期，结合当时的古典概率论理论，凯恩斯建立了归纳推理的第一个逻辑系统，这是一个基于命题逻辑的概率逻辑系统，之后，学者们在用概率方法刻画归纳推理这一方向上发展出丰富的理论，如：莱欣巴赫立足频率理论给出了基于谓词演算的概率演算，卡尔纳普以量程理论为基础构造了包括语句量程、证实函数的概率理论，勃克斯的因果陈述句逻辑，科恩的归纳支持和非帕斯卡型归纳概率的逻辑，冯·赖特的条件化归纳逻辑理论，主观贝叶斯主义的概率理论，等等。纵观用概率理论来解释归纳推理的研究发展历程，其起点是现代逻辑及数学领域里古典概率论的兴起，其发展过程伴随着谓词逻辑、模态逻辑领域及概率论等领域的理论和技术手段的发展和完善。从本质上来看，用概率方法研究归纳推理的核心思想和方法是通过一定的概率值来表示归纳推理结论的不确定性，而归纳逻辑的公理系统中所表达的是进行概率演算的相应规律。表6-1对比了古典归纳推理和概率处理下的归纳推理中命题表达式的区别和联系。可以看出，概率方法较古典方法在观念和处理方法上都向前迈进了一大步。具体而言：观念上，概率方法不再是通过归纳推理得到确定无误的结论；技术方法上，概率方向通过给全称句赋予一定数值的概率来表达不确定性。

表6-1

	陈述个体事实、性质的事实句	表达知识、信念的关于类的结论
古典时期	Ra	$\forall x(Sx，Px)$
现代——概率视角	$P(Ra) \in [0, 1]$	$P(\forall x(Sx，Px)) \in [0, 1]$

§6.2 概称句推理与归纳

§6.2.1 概称句推理研究

20世纪80年代起，在归纳推理的概率解释充分发展的同时，人工智能领域非单调推理研究也在发展，人们开始逐渐意识到常识、信念、科学定律等并不是没有例外的全称句，而应由概称句来表达。概称句（generic sentences）推理研究受到了广泛的关注。概称句，如鸟会飞、种子发芽等，表达具有一定普适性的规律，同时容忍例外。由于容忍例外的特性，包含概称句的推理是非单调的：当前提增加时，结论可能会被收回。而如何借助形式方法解释概称句并刻画概称句推理是这一领域的重点问题。

如何形式刻画容忍例外的概称句？该领域目前已发展出多种理论，其中通过不同的技术方法对全称句作限制是当下的主流方向，出现了相关限制理论、"不正常"限制、典型说、模态条件句方向、带模态的典型说、双正常语义、涵义语义等研究进路（涵义语义可参见周北海，2008；其他分支可参见张立英，2006），除此之外，还有把概称句处理成规则（R. Reiter，1980）以及采取概率解释的做法（A. Cohen，1999）。这些分支分别运用一阶逻辑、模态逻辑、模态条件句逻辑、概率论等领域的技术方法对全称句作出限制，与此同时，概率解释也作为其中一种可能的解释出现。在这些研究分支中，双正常语义全面体现了概称句的容忍例外、内涵性、真值与作判断的主体和情境相关、容忍沉溺问题、导致推理非单调等诸多特点；而概率解释尽管可能体现概称句的大部分特点，却无法体现其内涵性（张立英，2013，pp. 13-25）。在双正常语义下，概称句容忍例外的特性通过引入两个正常算子（二元模态命题算子）对全称句作限制来实现。以"鸟会飞"为例，直观上，

"鸟会飞"被解释为"正常的鸟在正常的情况下会飞",不会飞的不正常的鸟被外层的正常算子N略去,正常的鸟在不正常环境里而不会飞的现象由内层的正常算子$>$排除。在双正常语义下,概称句SP在形式语言下的表达式为$Gx(Sx; Px)=_{df}\forall x(N(\lambda xSx, \lambda xPx)x>Px)$,语义上通过引入正常个体选择函数和集选函数分别刻画N和$>$(周北海和毛翊,2004)。

基于这样的解释,又如何来刻画非单调的概称句推理?经典逻辑所刻画的演绎的数学式的推理在其前提增加时结论不会被收回;而容忍例外的概称句推理则与此不同,随着前提的增加,结论可能被收回,这是一种非单调推理。而关于这种非单调推理的具体刻画,不同研究进路给出了各自的处理方式,其中双正常语义采用前提集排序的方式来刻画这种非单调推理。这一方法的直观是:先借助逻辑系统给出刻画局部推理的规律,依据这些规律,先大胆地推,得出中间结论;当产生矛盾时,再通过排序来得到最终结论。在具体的形式刻画中,概称句推理被分为了(i)结论是事实句的概称句推理和(ii)结论是概称句的推理两大类。目前,这两种类型的概称句推理都通过形式化方法得以刻画,周北海和毛翊(2003)、张立英(2009,2013)分别给出了刻画(i)(ii)两类概称句推理的局部推理的逻辑和相应的特殊优先序规则。

§6.2.2 归纳推理的概称句解释

在对归纳推理和概称句推理的研究内容有所了解后,可以发现:归纳推理中出现的关于类的表达式可以用概称句来表示;归纳推理可以解释为概称句推理。

首先来看归纳推理中出现的表达式。归纳推理中最核心的两种句子是(a)陈述关于个体事实、性质的事实句,如"这只天鹅是白的";以及(b)表达知识、信念的关于类的结论的句子,如"大雁冬天向南飞"。这两种句式在前提和结论中都可能出现。对于"大雁冬天向南飞"这种关于类的结论，该如何将其形式化？从概称句研究视角来看，"大雁冬天向南飞"等知识或说常识本就是表达一定普适性的规律但容忍例外的概称句，因此，用概称句表达来替换全称句表达既合理又自然。对于关于个体的描述，概称句的处理方式仍保持原来的表达形式 Ra（见表6-2）。

表6-2

	陈述个体事实、性质的事实句	表达知识、信念的关于类的结论
古典时期	Ra	$\forall x(Sx, Px)$
现代——概称句视角	Ra	$Gx(Sx, Px)$

再看结论具不确定性的归纳推理，这是一种非单调推理。在本文的第一部分给出了（1）（2）两种讨论较多的归纳推理类型及其实例，其中（1）从多个有关个体的结论得到一般性结论，其结论是关于类的论断；（2）从一般性结论出发得到有关个体的结论，其结论是关于个体的论断。这是归纳推理研究领域的自然分类，一类侧重于知识的获得；一类研究侧重于怎样根据规律、知识来指导具体个案和判断。如果用概称句的视角来看这两类推理，（2）可解释为结论是事实句的概称句推理，（1）可解释为结论是概称句的推理；这刚好对应了概称句推理领域的分类和研究。不仅归纳推理的表达式可以用概称句来表达，概称句推理领域已有的研究也正好可以用来刻画归纳推理（见图6-1）。

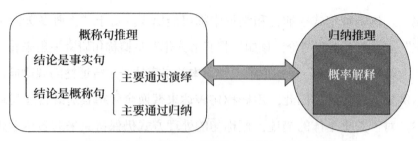

图6-1 归纳推理的研究现状及概称句推理与归纳推理的对应

§6.3 概称句解释与概率解释的比较

同样是解释具不确定性的归纳推理，概率解释和本文给出的概称句解释在表达不确定性的方式、处理范围和应用等方面有所不同。

§6.3.1 表达不确定性的方式

从形式化角度，我们需要一种表达方式，它能表达出归纳推理结论的不确定性。概率解释和概称句解释采取了不同的表达方式。对于关于类的描述，概率解释在全称句的外部加上了概率限制，即给全称表达式赋予取值在[0, 1]之间的概率，以此来表示该全称表达式在多大程度上能成立；概称句解释则通过从全称句内部作限制的方法来刻画，进而把全称句换成了概称句。对于关于个体的描述，概率解释同样是赋予其[0, 1]之间的概率；概称句解释则维持原来的表达Ra不变。

可以看出，这里的概称句解释是一种内涵刻画，力图通过形式刻画表达出归纳结论具不确定性的原因；而概率解释是一种外延刻画，尝试从外部描述归纳结论具不确定性这一现象。在关于类的描述上，相对于全称句加概率的处理方式，概称句表达对全称句做了更本质性的替换，也更合乎人类的思维直观。在关于个体的描述上，概称句的处理方式仍保持原来的表达形式Ra，比概率处理方式更为简洁直接，且符合直观（见表6-3）。

表6-3

	陈述个体事实、性质的事实句	表达知识、信念的关于类的结论
古典时期	Ra	$\forall x(Sx, Px)$
现代——概率视角	$P(Ra) \in [0, 1]$	$P(\forall x(Sx, Px)) \in [0, 1]$
现代——概称句视角	Ra	$Gx(Sx, Px)$

至于归纳推理，概率方法通过对结论加概率表示了推理结论的不确定性，而当增加前提后，推理结论继续保持或者可能被推翻的变化则通过概率值的变化来体现；而概称句解释则可完整刻画推理所得的不确定的结论如何随着前提增加而变化的整个过程，如前文所示，概称句推理领域的双正常语义方向采取了刻画局部推理的逻辑加前提集上的排序方法，给出了推理过程的完整形式刻画。可以看出，概率方法给出的是归纳推理特性的一种外部描述，概称句方法则力图重现这种非单调推理的内部结构。

§6.3.2 处理范围

前面的分析中可以看到，概称句的处理方法非常自然。但不可否认的是，从处理范围来讲，概率方法和概称句方法各有所长。一方面，对于需要在有限时间内做决策的归纳推理类型，如天气预报、火灾、地震时的决断等，运用概率处理更加高效，有助于迅速做出决定。另一方面，由于概称句的处理方式能够凸显表达式的内涵性，对于涉及知识习得和信念改变的推理用类似双正常语义这样的概称句解释则更为合适。

例如：对"俱乐部的会员在危急关头互相帮助"及"小王处理从南极洲来的信件"等归纳论断，即使俱乐部还从未出现过危急关头、小王还从未处理过从南极洲来的信，人们在直观上仍旧可认为这样的句子为真。这种直观，能体现内涵性的概称句解释是可以刻画的，而由于没有一个现实实例满足这些论断的谓项条件，概率处理方式就失灵了（表6-3中关于类的概率表达式取值为0）。

§6.3.3 应用性

尽管精确的数值表示（如鸟会飞的概率是90%，今天的降水概率是60%）并不太符合人类认知的直观，但由于数字表达很容易为计算机接纳和处理，且从结果来看（不是内部的原理和过程）也能在一定程度上被接受，因此基于计算的概率方法目前已被一些研究者广泛接受和使用。

概称句处理方式，如双正常语义中的局部推理加排序的刻画方式，更贴合人类思维规律，但就目前而言，这种方法还没有像概率方法一样应用那么广泛。然而，如果将概称句语义与新兴的语义网相结合有可能使这一现象得到改善。1998年，万维网之父蒂姆·伯纳斯-李（Tim Berners-Lee）为了处理万维网下产生的海量数据，提出了语义网概念，其理念是通过给万维网上的文档添加能够被计算机理解的语义，从而使整个互联网成为一个通用的信息交换媒介。网络所处理的海量数据与人类生活的方方面面息息相关，其中当然少不了用来表达日常生活中的知识以及信念等的概称句。然而，目前语义网背后的逻辑是一阶谓词逻辑基础上的描述逻辑，这是不够的，需要进一步考虑把概称句加入结构之中。与此同时，排序和排序算法是语义网后台运作的重要方法，对比概称句推理研究中通过基础逻辑加前提集排序来刻画方法，这意味着两者之间有很大的契合度，如果把概称句及概称句的推理模式引入语义网开发之中，它们可能会有一个很好的融合，也将有很好的应用前景。

§6.4 小结及一些说明

自现代归纳逻辑开创以来，概率方法一直是研究归纳推理的默认模式，以至于归纳推理的定义中都出现了概率字眼。本文指出，把归纳推理的结论加上一定的概率，是为了表达归纳推理结论的不确定性和推理的非单调性；而要想表达归纳推理的特性，并非只有概率方法一种，用概称句和包含概称句的推理来刻画归纳推理是另一种可行而十分自然的方法。同时，本文展示了概称句视域下的一种刻画归纳推理的方法：基于双正常语义的概称句推理刻画。这种刻画方法顾及了大部分归纳推理研究范围下的推理类型。归纳推理的概率解释和概称句解释代表着两种研究路径，其中概率解释着重于外部描述，概称句解释则侧重内部解释和推理过程内部结构的刻画。不可否认的是，概率方法目前在计算机科学等领域应用广泛，但与此同时，基于排序的概称句处理方式却可以与万维网之后的语义网有很好的契合，这意味着，用概称句方法来解释归纳推理不但有很自然的直观、完整的理论成果支持，也可能会有非常好的应用前景。

在已有的概称句推理研究中，有着众多的研究分支，其中一个分支是用概率方法去解释概称句，如亚里尔·科恩（Ariel Cohen）曾用概率方法很全面地探讨了概称句和概称句推理。基于这样的事实，本文有可能会遇到的一种质疑是：用概称句可以解释归纳推理，而概率方法也可以解释概称句推理，那么概率方法也可以用来解释归纳推理，这中间是否存在一个循环？基于可能的质疑，我可以说的是，第一，概率方向只是概称句研究下众多研究分支中的一支，其解释并不能涵盖概称句的全部特征。第二，概称句研究可以有不同的研究方法，这恰恰可以提示归纳推理和概率解释是可以分开的，概率解释只是归纳推理的一种研究思路。

另一点需要说明的是，本文强调概率解释和归纳推理研究的分离，不意味着要摒弃概率方法。正如前文所述，概称句解释和概率解释有不同的处理范围，而且，由于概率方法的深入人心，用一定的概率值来表达不确定的程度已经成为人们的认知方式之一，如何协调概率方法和概称句方法是未来研究中不可回避的重要问题。

第七章 类比与隐喻[①]

类比是人类认知体系中非常重要的一环，是人们学习知识、认知世界、进行发明创造的重要手段，我们常常说的"以此类推""举一反三"背后都包含着类比。可以说，类比无处不在。然而，究竟什么是类比？类比和归纳的关系如何？中式类比和西式类比是否有区别？如何评估类比？类比和隐喻的关系如何？本章将从逻辑学角度出发尝试分析以上问题。

§7.1 归纳与类比

在前一章我们提到，从广义上讲，可以对归纳推理作出如下界定：有别于演绎推理，归纳推理的前提和结论之间具有或然性关系：当其前提真时其结论可能真但不必然真。在这个意义上讲，类比也可被归为归纳推理的一种。不过，一般来讲，人们还是会具体区分归纳和类比。

如果说以下例（1）（2）通常被归为归纳推理的话：

（1）碳酸（H_2CO_3）中含有氧元素；

硫酸（H_2SO_4）中含有氧元素；

---

① 本章在论文《类比的逻辑分析》（《科学·经济·社会》，2023年第3期）基础上整理而成，有所修改和增删。

硝酸（HNO_3）中含有氧元素；

......

碳酸、硫酸、硝酸都是酸；

酸中都含有氧元素。

（2）种瓜得瓜，种豆得豆；

小红在地里种了一颗西瓜种子；

小红会收获大西瓜。

例（3）则通常被认为是类比推理：

（3）大雁是鸟，有翅膀、有羽毛，会飞；

麻雀是鸟，有翅膀、有羽毛；

所以，麻雀也可能会飞。

不过也有些推理同时具有两种推理的特征，因而在理解上存在争议，如例（4）：

（4）鸭子的毛色是多样的；

鹦鹉的毛色是多样的；

家鹅的毛色是多样的；

......

（鸭子、鹦鹉、家鹅、天鹅都是禽类）

所以，天鹅的毛色是多样的。

（4）可以被理解为一种直接的类比式推出：因为天鹅和鸭子、鹦鹉、家鹅都是禽类，同类具有相似性，所以推出天鹅的毛色是多样的。

（4）也可以被理解为以上（1）型＋（2）型归纳推理的综合应用：

鸭子的毛色是多样的；　　　　　禽类的毛色是多样的；

鹦鹉的毛色是多样的；　　　　　天鹅是禽类；

家鹅的毛色是多样的；　　　　　所以，天鹅的毛色是多样的。

......

<u>（鸭子、鹦鹉、家鹅都是禽类）</u>

所以，禽类的毛色都是多样的。

（1）型推理　　　　　　　　　　　　（2）型推理

总而言之，其一，不管如何界定，归纳和类比推理都属于典型的非演绎推理，它们无法像演绎推理那般找到具有保真性[①]的逻辑规律，因而推理具有非单调性；其二，归纳和类比界定与理解的模糊，恰恰提示非演绎推理还需要更多的关注和研究。

以下我们将从例（3）类型的推理为出发点，展开对类比推理的进一步探究和思考。

§7.2 analogy与类比

§7.2.1 类比初探

究竟什么是类比？我们先来看看当下通行教科书《逻辑学》（高等教育出版社，2018，pp. 166-167）上对类比的总结[②]：

　　类比或类比推理是根据两个或两类事物在某些属性上的相同，推断它们在另外的属性上也相同的一种归纳推理。

　　类比推理的推理形式为：

　　A（类）事物具有属性a、b、c、d；

　　<u>B（类）事物具有属性a、b、c；</u>

　　所以，B（类）事物也可能具有属性d。

---

① 即无法确保从真前提一定得到真结论。

② 这里选用了当下使用范围比较广的一本教材代表。其他教科书上也有不完全相同但类似的论述。

§7.1中的例（3）就属于这定义下的典型例子：

大雁是鸟，有翅膀、有羽毛，会飞；

<u>麻雀是鸟，有翅膀、有羽毛；</u>

所以，麻雀也可能会飞。

图7-1展示了这一类比的比较过程：

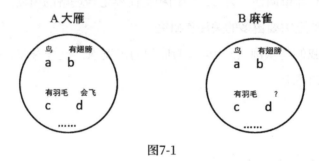

图7-1

《逻辑学》（高等教育出版社，2018）中还进一步总结了进行类比的注意事项：

（1）相似属性的数量要充分多；

（2）相似属性与推出属性之间的相关性要足够大；

（3）相似属性应尽量是两个或两类事物的本质属性。

这些条目该如何实现涉及类比的评估问题，我们将在§7.3进一步展开讨论。

当前通行逻辑学教科书中的类比理论来源于西方逻辑学传统中对analogy的讨论，analogy在中文中较为通行的翻译是类比[1]。为了进一步弄清analogy的所指，我们接下来继续溯源。

---

[1]　但也有与"类比"不同的翻译，如殷海光（2018）把analogy翻译成"比拟"。

§7.2.2 analogy 是比较

在斯坦福哲学百科中关于Analogy and Analogical Reasoning的词条中，Bartha提到："analogy是两个对象或对象系统之间的比较，重点放在它们被认为相似的方面。"（Bartha, 2019）[①]

Bartha还汇总了逻辑学家和科学哲学家给出的评估类比论证（analogical argument）的"教科书式"的一般性指导方针：

（1）（两个域之间）越相似，analogy就越强。

（2）差异越多，analogy就越弱。

（3）我们对两个域的无知程度越大，analogy就越弱。

（4）结论越弱，analogy越合理。

（5）涉及因果关系的analogies比不涉及因果关系的analogies更合理。

（6）结构analogy比基于表面相似性的analogy更强。

（7）必须考虑到与结论（即假定的analogies）的相似和差异的相关性。

（8）支持同一结论的多个analogies使论证更有力。

在这8条评估标准中，（1）（2）（3）从相似、差异、无知三个角度对两个域进行**比较**；（5）（6）（7）分别考虑涉及**比较**和**相似**的更深层因素：因果、结构、相关性。（4）和（8）则是对非演绎论证都适用的一般性规则。

从以上的界定我们可以看出，西方语境下的analogy其定义的关键词是**比较和相似**，在具体的评估类比的指导方针中，除了（4）和（8）作为评估论证的一般性讨论，其他（1）（2）（3）（5）（6）（7）关

[①] "An analogy is a comparison between two objects, or systems of objects, that highlights respects in which they are thought to be similar."

注的也都是**比较**和**相似**。

那么，类比只包含比较和相似（关系）吗？我们再来重新看看例（3）：

大雁是鸟，有翅膀、有羽毛，会飞；

麻雀是鸟，有翅膀、有羽毛；

所以，麻雀也可能会飞。

这里是否隐藏着大雁和麻雀都是鸟类（同类）这一条件呢？如果基于两者是同类所作的比较来进行推理，是否比基于单纯的几个独立性质的比较所作的推理更牢靠？为了弄清这一问题，我们继续从中国的类比讨论中寻找答案。

§7.2.3 类比包含分类和比较

类比是analogy所对应的中文翻译。从字面来看，类比，由"类"和"比"两个字组成，除了比，还有类。"比"最早可见于甲骨文（见图7-2），两人站在一排为"比"，有紧靠、亲近、比并之意，后来逐渐延展出比较、比拟等意。

图7-2　甲骨文的"比"

关于"类"，一种溯源认为"类"最初只是神话中一种野兽的名称（见图7-3）。《山海经·南山经》曰："亶爰之山，多水无草木，不可以上。有兽焉，其状如狸而有髦，其名曰类。自为牝牡，食者不妒。"《列子·天瑞》云："自孕而生，曰类。"在远古狩猎时代，

"类"可能是作为某个部落祭祀活动的祭品，逐渐就出现了族类的观念（刘明明，2012，p. 125）。《说文解字》中对"类"的解释为："类，种类相似，唯犬为甚。从犬、頪声。"

图7-3 "类"作为野兽[①]

图7-4-1 战国文字的"类"　　　　　图7-4-2 篆字的"类"

　　"类"是中国传统中非常重要的概念，进行类比在中国有着深厚悠久的传统。在人们通常的印象中，我国古人特别喜爱使用类比。我国古籍中关于分类和类比的讨论非常之多，像《荀子》《墨子》《吕氏春秋》《淮南子》等文献都有对"类"或"类比"的专门探讨。由此推测，"类"在中式类比中并非一个装饰语。事实上，关于中西类比的差别，中国逻辑史领域的专家刘培育老师曾强调："中国的类比和西方（传统的）类比相比，多了一个'同类相比'的限制。"[②]

---

① 图片来自五色神石：《山海经里的博物学》，《昆门馆》分册，62页，广西师范大学出版社，2021年。

② 刘培育老师在接受我关于类比的采访时强调了这一点。

我们用图7-5来表示从analogy到类比的变化，中式类比在比较（analogy）的基础上增加了分类要素，下图中用方框来圈划"同类"，进而表示"同类相比"。中式的类比首先需要通过分类来划定同类和异类，在汉语语境下，类比不仅仅是比较，还包含分类。

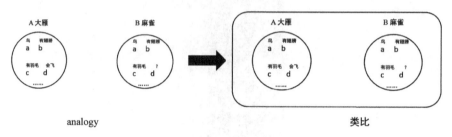

图7-5 从analogy到类比

§7.2.4 中西类比差异分析

尽管强调同类相比，但我国古人以何标准划定同类呢？《墨子》有云："有以同，类同也"，"不有同，不类也"。如果把这里的"同"理解为"相同的地方"①，那么，这两句话可以翻译成：（1）**有相同的地方就可以看作同类**；（2）**没有相同的地方就不是同类**。如果区分同类异类的标准只有这两条，那么看起来analogy和类比的差别似乎可以被消解。analogy可以作比较进而进行推理，其实就是默认了比较对象之间至少有某一点是相似的。不过同类划定的标准应该不止这两条，否则中国古籍中就不会出现那么多关于类比不合理（无类比附）的讨论了。就目前掌握的文献来看，我国古人强调分类是确定无疑的，而分类

---

① 《墨经》对"同""异"也有细化的讨论，因此以上对"同"的解释仅供参考，为此我们这里措辞用的是"如果"。参考《墨经·经上》有说到区分同异："同，重、体、合、类。罚，上报下之罪也。异，二、不体、不合、不类。同、异而俱于之一也。同、异交得放有、无。"

的一般性原则，除了以上（1）（2）两条外，或者需要具体情况具体分析，或者有待进一步凝练归纳。

我国古人强调同类相比。我认为一个可能的原因是中国古代一直没有发展出为大家所广为接受的分类。董志铁老师认为："中国古代文献上的类，比起科学上的分类（自然科学上的界、门、纲、目、科、属、种）要宽泛得多。两个或两类事物，只要在某一点（表面或隐含）有相同、相似之处，就可认为是同类，可见所谓同类，不过是'异中求同'罢了。"①

那西方的analogy是否包含分类呢？我认为有。我们再次回到§7.1中的例（3）：

大雁是鸟，有翅膀、有羽毛，会飞；

麻雀是鸟，有翅膀、有羽毛；

所以，麻雀也可能会飞。

虽然当下通行教科书的定义中体现不出分类和同类相比的印记，但在具体的例子中确实可能隐藏着一些默认的分类，如例（3）中的确隐藏着大雁和麻雀都是鸟类（同类）这一背景知识。那么，为什么西方的analogy不强调分类，中式类比却特别强调分类呢？

从西方的分类学发展来看，古希腊哲学家亚里士多德在2000多年前所提出的属加种差分类法影响巨大，尽管随着科学研究的进展，其细节被不断修正，但亚里士多德所提供的分类框架基本被西方教育和科学研究体系默认，影响至今。这意味着西方科学体系下的讨论对于分类的争议相对比较小。换一种说法，不是没有分类，而是在一定的讨论范围下有潜在的共同默认的分类。

---

① 刘明明（2012）第59页收录了董志铁老师的一封信。要注意其中说的是"可认为是同类"而不是说"最终被界定为了同类"。

而中国古代则一直没有发展出有着共同公认的科学分类模式，对分类始终呈现百家争鸣的样态，这可能就是我国古人强调同类相比的重要原因之一，你之同类，我之异类，大家完全可以意见不一致。尽管没有发展出科学分类或其他公认的分类，但这一现象却清晰呈现了**类比包含分类和比较两大要素的事实**。在此基础上，源自西方的analogy可看作类比的一个特例，**是预设了亚里士多德自然分类的专注于比较的类比**。也由此可见，中西类比的差异不是认知框架上的差异，而是知识结构上的差异。

§7.2.5 类的另一种解释

尽管我们说亚里士多德的分类只是诸多分类中的一种，但是以上举例还是多多少少把思路局限于这种分类的。亚里士多德有"十范畴"说，将所有是者（being）分十类："实体"〔包括第一实体（具体个体）和第二实体（种和属）〕加上九类非实体（性质、地点、时间、数量、关系、姿态、状况、主动、被动）。在这一理论基础上，西方理论中的分类是从个体出发的、自下而上的分类。例如，从白的东西——>｛白的东西｝——>总结出白的概念。而通行教科书上关于类比推理形式的总结（如下）也暗含了基于个体和种属关系的理论。

A（类）事物具有属性a、b、c、d；

B（类）事物具有属性a、b、c；

所以，B（类）事物也可能具有属性d。

在这一理论下，某事物或某类事物所具有的属性是全方位的，比如鸟类是脊椎动物，具有体温恒定、卵生、嘴内无全齿、全身有羽毛、胸部有龙骨突起、前肢为翼、后肢能行走等多方面的性质。图7-1所示意的也是对大雁（A）和麻雀（B）全方位性质的考察结果。

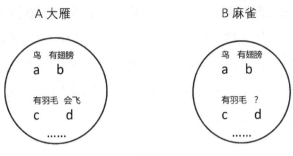

图7-1

　　然而，中国古代的类名与类可以有从初始框架上就有差别的其他理解类的方式。如邢滔滔认为①：首先，在先秦世界观里，只有物，而无抽象的东西。而类，其基本意义是物之间的某种相似，但这并不是在说一些性质完全的个体词某些方面的相似——中国古代并无"第一实体"之说，反而不强调个体。具体而言，古人的观念里，形先于万物个体，一些类名直接对应形。如"名"所对应的，正是马形，"马者，所以命形也"，而不涉及色等。这些同形者组成马的类，这个类的成员，不是诸马的个体，因为这些个体具有马形之外的其他性质，而这些不被马名捕捉。在这一理论下，马类成员只有马形，而无涉于色等。这形成的是一个唯有形且同形者的等价类。这个意义上，只说马，或以马的名义，挑出的是一些相同的东西，并无色等方面的差别。这个马类，显然不是外延类。同理，类名"白"对应的类，也是一个唯有色且同色的等价类，等等。邢滔滔由此进一步认为，中西在逻辑学和形而上学的基础——谓述方面，已然不同，而性质、概念、外延类等，都不能直接套用于先秦思想。

　　如果基于这一理论去理解中国古代的类和分类，那么，整个逻辑架

---

①　以下观点根据邢滔滔在中国科学院哲学研究所所做的讲座"类名与类——名墨的名实观"的内容整理而成。

构要从最基底上发生改变，当然这又是另一个需要细致研究的课题了。

以下关于类比评估、类比和隐喻关系的讨论中，我们的举例还是基于源自西方的个体、属种关系的分类模式。不过以下的类比评估指导方针和后续的刻画方案，其比较对象可以不止局限于性质，还可以比较图形、数值，甚至关系、比例、结构等等。

§7.3 类比的评估

§7.3.1 "教科书模式"的类比评估准则

本节我们展开讨论一下类比的评估问题。

在§7.2.1中我们讨论了通行逻辑学教材中总结的进行类比的注意事项：

（1）相似属性的数量要充分多；

（2）相似属性与推出属性之间的相关性要足够大；

（3）相似属性应尽量是两个或两类事物的本质属性。

尽管这些注意事项看起来很有道理，但如果具体执行的话，就会面临很多问题。比如什么程度算"充分多"？"相关性"如何界定？什么是"足够大"？什么是"本质属性"？这都需要更精确和细致的标准才可以真正说清楚。

在§7.2.2中我们提到，Bartha（2019）汇总了逻辑学家和科学哲学家给出的评估类比论证的8个一般性指导方针：

（1）（两个域之间）越相似，analogy就越强；

（2）差异越多，analogy就越弱；

（3）我们对两个域的无知程度越大，analogy就越弱；

（4）结论越弱，analogy越合理；

（5）涉及因果关系的analogies比不涉及因果关系的analogies更合理；

（6）结构analogy比基于表面相似性的analogy更强；

（7）必须考虑到与结论（即假定的analogies）的相似和差异的相关性；

（8）支持同一结论的多个analogies使论证更有力。

从逻辑学的角度来看，这8条指导方针仍旧过于笼统和含糊，要想让这些指导方针真正成为具有可执行性的评估标准，还要做大量的细化工作。去掉（4）和（8）这两个对非演绎论证都适用的一般性规则，我们以下重点考察（1）（2）（3）（5）（6）（7）。

§7.3.2 类比评估准则的延展分析

以上（1）（2）（3）分别讨论了相似、差异和无知。其中相似是最为核心和直接的考量。而对于差异，一般来讲，如果相似的标准确认了，我们通常可以随之来确定差异的标准。为此，以下的讨论中我们先重点讨论相似。再来看无知，（3）涉及认知主体对考察对象的无知程度，如果想讨论这个问题，需要有个预设：**如果（某认知主体）不知道φ，则（该认知主体）知道自己不知道φ**。这一条在具有封闭性预设①的计算机、人工智能系统里是可行的，但它不太符合人们日常认知的直观，试问对于浩瀚庞大的未知，人们如何得知自己不知道某事。当然，如果在一个具体的、有限定问题的场景下，这一条也有其合理性。（5）（6）（7）讨论的是因果、结构和相关性，这三个关键词是值得

---

① 封闭性的提法来自陈小平对人工智能问题的讨论，直观来说，封闭性是指一个问题存在一个有限、确定的模型，而且该模型与实际问题的对应也是有限、确定的；或者一个问题存在一个有限、确定的元模型，并且该问题的代表性数据集也是有限、确定的。更严格的定义可参见陈小平（2020）。

且有待专门展开深度研究的大问题。不过，可以明确的是，因果、结构和相关性等问题都要以对比较和相似的刻画为基础，通过添加结构和其他附加因素来进一步刻画。

关于比较的对象，逻辑学入门教科书中通常总是举性质比较的例子，但除了**性质，关系、比例**①**、结构、图形、数值**等都可以是类比比较的对象。不过，由于逻辑学主要探寻形式规律，在逻辑学对比较的初阶分析中，**性质、图形、数值，甚至关系、比例、结构等都抽象为用字母表示的比较项**。如果需要表达比较项的内部结构，再考虑在此基础上把项内部的结构以更精细的方式放大表示出来。所谓内部结构，例如，比较的对象是关系，或者比较的对象之间存在优先序等。除了个体和有序组这些内部结构，根据处理的问题，可能还需进一步考虑对象之间的比较之外的一些因素，例如，因果、相关性以及其他背景或外部知识的影响等可能都需要两个域的单纯比较之外的一些探讨。除了比较的对象，用于评估比较的相似性的刻画也将随着考虑因素的增多而逐渐升级。

由于应用比较的场景非常之多，简单的比较和复杂的比较同时存在，以下由简单到复杂地给出比较的几种刻画方案：

方案一：相同的项的数量比较。

方案二：相同的项的数量比较+相异项的数量比较（两者可形成比值）。

方案三：方案二+已知项/未知项的比值（需要封闭性预设）。

方案一到方案三还都属于数量比较。

方案四：对比较项添加结构（原则：有结构的比较强于单个性质的

---

① 在最初的希腊语意中，类比是指两种比例或关系的比较。"In the original Greek sense, analogy involved a comparison of two proportions or relations." Ashworth, E. Jennifer and Domenic D'Ettore（2021）。

比较）。

方案五：为了解释本质属性/核心性质①及相应的关系。②

方案六：因果关系的引入。

方案七：主题（topic）的引入，这一条是想刻画相关性，根据讨论的主题聚焦类比项，相当于在原有基础上再限定一个小于等于原有域的比较范围。

方案八：加入已有的常识或知识，或其他同步进行的比较的影响，在比较的结论发生冲突时通过某种排序有所取舍，避免矛盾。

这些方案循序渐进，逐层增加刻画的复杂度，其中方案一到方案三还都属于数量比较。方案四和方案五对应着结构类比和本质属性的讨论。方案四对应Bartha总结的方针（6）结构类比比基于表面相似性的类比更强，方案六对应着方针（5），方案七对应着方针（7），方案八是这里新添加的内容，方案六、七、八都可能涉及比较项之外的一些结构。

对于方案四，目前已有一些学者对比较的结构进行了细致的研究，如在《隐喻的逻辑：可能世界之可类比部分》一书中，斯坦哈特（2019）引入可能世界语义学来刻画类比和隐喻，他把逻辑空间分割成更小的部分，引入了情景（situation）替代通常的极大一致集组成的可能世界，一个情景其实就是某个集合，其中个体具有属性，彼此之间有关系。再引入类比可通达关系，展开结构之间的比较。书中较为详细地讨论了类型的分类等级、类型分体论等级、过程的分类等级、对照结构、网络中的对称性等不同的概念网络结构类型（斯坦哈特，2019，pp. 99-107）。

对于方案五，对于本质属性/核心性质的刻画可以参考原型

---

① 注意本质属性可以是一个对象，也可以是一个对象集。

② 此时可能出现两个比较关系，一个是两对象或两对象系统之间的比较；另一个则是一对象内的不可分辨关系或序关系的比较。

（prototype）或范型（stereotype）领域的研究结果，通过引入原型/范型及不可分辨/相似关系来表达本质属性及与其他属性的不对称结构关系。对于本质属性的一种理解是典型案例身上所具有的代表性属性，比如，人们最初认知鸟的时候，就知道鸟会飞（尽管不是所有的鸟会飞）、鸟有翅膀、鸟有羽毛，当然鸟还有很多其他的性质，比如卵生、脊椎动物、身体呈流线型（纺锤形或梭形）、心脏有两心房和两心室、体温恒定、除具肺外还具有多个气囊辅助呼吸等等，要想刻画这一点可能需要引入典型形式的集合以及相似关系等概念（方案五），在含糊性问题研究领域有一些可以参考的研究结果（如周北海和张立英，2018）。

方案六、七、八都还有待进一步的研究。

以上对评估标准的延展探讨，主要基于西方传统中对analogy评估标准的讨论，其侧重点在于比较和相似关系。比较是人类认知机制中的一大要素，如果想把类比中的比较和相似关系刻画清楚，还有非常长的一条路要走。

至于分类要素，前面提到，方案六、七、八都可能涉及比较项之外的一些结构，此时，恰恰可以考虑通过引入分类来实现刻画方案。

§7.4 类比与隐喻

类比和隐喻有着千丝万缕的联系。一方面，隐喻和类比有共通之处，另一方面，人们又在下意识地区分类比和隐喻，随着隐喻研究的认知转向，以Lakoff（2015）等为代表的学者们倾向于认为隐喻是人类认知和表达的重要方式，是我们"赖以生存"的存在。以下我们将结合分类+比较模式探讨类比和隐喻之间的关系①。

§7.4.1 隐喻是一种比较

首先来看一个通常被认为是隐喻的例子：

律师是狐狸。

人们之所以说律师是狐狸，原因在于律师和狐狸有共性：狡猾。两者在这一点上是相似的。这个思维过程中包含了比较和相似关系；这符合巴塔对analogy的定义。再回忆一下第二节中逻辑学入门教科书关于类比（对应analogy）的界定："类比或类比推理是根据两个或两类事物在某些属性上的相同，推断它们在另外的属性上也相同的一种归纳推理。类比推理的推理形式为：

A（类）事物具有属性a、b、c、d;

B（类）事物具有属性a、b、c;

所以，B（类）事物也可能具有属性d。"

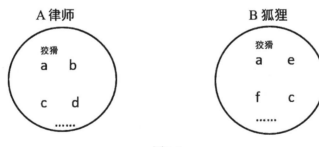

图7-6

---

① 语言学中，一般对于比喻（古文献中有时使用"譬喻"）还有更细致的分类。在中文中，带有"如""像"这样的比喻词的比喻被称作明喻，如"金钱如粪土"；没有包含比喻词的，如"律师是狐狸"被称作隐喻。这里的讨论暂时不做这种区分，本文的隐喻大致对应着比喻。

直觉上，我们可以用图7-6来表示人们认为说"律师是狐狸"时背后的比较过程：律师狡猾，狐狸也狡猾，"狡猾"是律师和狐狸的共性。隐喻符合以上analogy的分析范式，只不过从直觉上看，律师和狐狸的共有的性质似乎少一些。不过，直觉有时候不一定经得起推敲，律师和狐狸的共性其实还可以列出很多，比如，律师和狐狸都是生物、都是导体、都是可燃的、都有腿、都有牙齿、都会思考等，那么，如图7-7所示，**传统教科书所列的类比**（其实表示的是analogy，即比较）**范式无法区分类比和隐喻。**

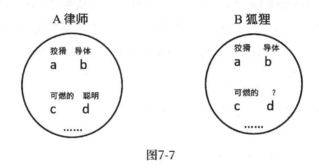

图7-7

§7.4.2 类比与隐喻的区分

然而，类比和隐喻是否有区别呢？至少从历史上看，人们又在下意识地区分类比和隐喻，这一点首先从用词的分别上就可以知道。

从传统修辞学的角度："隐喻是对词语的一种诗意或修辞学上的雄心勃勃的使用，是一种与字面用法相反的比喻用法。"（Hills，2022）[①]在这里，**隐喻的特性被提炼为"与字面用法相反"。**何谓"与字面用法相反"？根据遵守当代生物学分类的词典，律师是人，狐狸是犬科动

[①] "Metaphor is a poetically or rhetorically ambitious use of words, a figurative as opposed to literal use."

物，人科与犬科动物从外延集合角度来看互不相交[1]，因此"律师是狐狸"与事实不相符，这大概就是所谓的"与字面用法相反"。需要注意的是，这里的"与字面用法相反"的判定是基于当下的生物学分类的。从逻辑学角度来看，与事实不相符的命题可以被解释为假命题。然而同样请注意，与事实是否相符的判定涉及具体内容，而具体判定"律师是狐狸"是否与字面相反，其实不是逻辑学内容。

是否可以抛开具体的分类和内容判断，用更为一般性的逻辑学语言来总结人们对类比和隐喻的这种下意识的区分呢？在中国逻辑史上很早就探讨过类比和譬喻的区分，指出类比就是"类同理同"，而譬喻是从"异"类中看到"同理"（刘明明，2012，p. 5，p. 131）。我认为用同类相比还是异类相比来区分类比和隐喻，相比用"与字面用法相反"来区分，不涉及具体内容的判断，剥离了某一具体分类的限制[2]，是更具有一般性的概括：**类比和隐喻本质上都是比较，类比是同类相比，隐喻则是从异类中看到同理。**

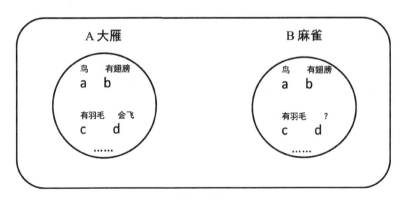

图7-8 类比

---

[1] 更精确的生物学分类信息如下：律师是人，人与狐狸同属于动物界、脊索动物门、脊椎动物亚门、哺乳纲、真兽亚纲，然而人属于灵长目、类人猿亚目、人科，狐狸属于食肉目、裂脚亚目、犬科。

[2] 注意，剥离了具体的分类不意味着没有分类。

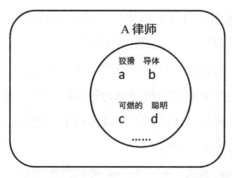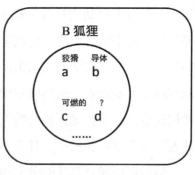

图7-9 隐喻

图7-8和图7-9中通过方框的限定展示了对类比和隐喻的区分，我们以两个比较对象在同一个方框里表示同类相比，以两个比较对象在不同的方框里表示异类相比。在这个具体的例子中，我们把鸟和麻雀的比较界定为类比，把律师和狐狸的比较界定为隐喻，是依据了当代生物学的分类预设。再次提醒，这种分类只是诸多分类中的一个样例，是当下接受度比较广的一种分类预设。

值得一提的是，尽管在逻辑推理研究领域，涉及类比和隐喻的解释和推理还研究得很不充分，但近几十年来在认知领域，类比和隐喻越来越受到重视。其中一些观点和本书中论证遥相呼应。例如，Juthe（2005，p. 5）区分了同域类比（same-domain-analogy）和异域类比（different-domain-analogy）；其中同域类比要求不同的比较对象中的要素之间具有相同的关系且这些要素来自同一个概念域；而异域类比则要求两个不同比较对象中的要素来自完全不同的概念域。尤特（André Juthe）认为，如果异域类比中的两个域相距非常远，那么其构成要素就会很不一样，这样的类比就更倾向于隐喻。

§7.4.3 分类的流动性

尽管类比和隐喻是有区分的，但类比和隐喻的界限并不是明晰和固定的。分类+比较模式提示我们，**如果分类的标准有所不同，那么同类和异类的区分就会有所不同。**这意味着类比和隐喻的界限其实是在动态变化的。

在我国古代，由于没有统一分类共识，关于分类和譬喻是否恰当的讨论非常之多，这种动态变化就尤为明显。而即便当下的科学分类得到了广泛的认可，它也仍旧只是众多分类中的一种。而且，人们讨论问题的主题对分类的选取也有很大的影响，比如，如果我们在讨论电流传递的问题，那么律师和狐狸作为导体，可能就会被归为同类；如以可燃的和不可燃的或者哺乳动物和非哺乳动物为分类标准，律师和狐狸都可以被归纳为同类，同类和异类的界定会随分类标准的变动而变化。

从历史发展和科学演进的角度来看，科学架构下的分类也在不断演进变化之中。例如，人们最初按照颜色进行分类，把红色的漂亮石头都叫作红宝石，随着地质学和化学的发展，科学家们发现，同样是红色的宝石，其密度、硬度、折射率又有所不同，后来，科学家们改用化学成分作为分类的重要依据，这样一来，红宝石用来特指红色的刚玉（主要成分Al_2O_3），红色尖晶石$[(Mg, Fe, Zn, Mn)(Al, Cr, Fe)_2O_4]$、托帕石$\{Al_2[SiO_4](F,OH)_2\}$、碧玺（复杂的硼铝硅酸盐）、石榴石$[Mg_3Al_2(SiO_4)_3]$等都不再称为红宝石，而红色刚玉之外的其他刚玉被统称为蓝宝石，包含了粉红、黄、绿、白等多种颜色。按照化学成分分类，过去同类（相同颜色）的可以变成异类，过去不同类（不同颜色）的可以变成同类，这是分类的演变，也体现着人们对事物本质理解的转变。在异类中发现同理，恰恰是科学和认知不断突破和创新进步的关键点，是促进认知流动和迁移的更重要的原因之一。

§7.4.4 隐喻是聚焦模式的比较

同类还是异类相比从逻辑学上表达了人们区分类比和隐喻的一种直观，但这种区分并没有揭示隐喻本质的全部。前面讨论过，同样是比较，直觉上人们会觉得类比的两个对象之间的共同/相似点要比隐喻的两个对象之间的共同/相似点要多，但事实也许并非如此，比如，律师和狐狸其实也有非常多的共同点。不过，如果仔细思考一下会发现，其实这个直觉所反映的**不是一个隐喻所比较的两个对象之间的共同点少，而是隐喻实际比较的点比较少**。律师和狐狸尽管有很多共同点，如都是生物、都是导体、都是可燃的、都有腿、都有牙齿、都会思考等，但人们在作"律师是狐狸"这个隐喻时重点关注的主要是"狡猾"这一特性，"狡猾"是律师和狐狸共有的显著（参考原型或范型）特征。**作为一种比较，隐喻除了能突破同类异类的限制，在异类中看到同理，更在于是一种"聚焦"模式的比较**。能突破异类的圈划进行比较的，一定是值得比较的核心性质和关键点。隐喻的使用凸显了人们聚焦所讨论的问题寻找核心本质进行比较的思维方式，而不是完全以数量为标准的思维方式。①

---

① 按照中国式的分析，类比是同类相比，隐喻是异类相比。如果仅仅如此，理论上人们关于类比的要求似乎会更高，而关于隐喻的要求应该会低一些。然而，事实似乎并非如此。以《弘明集》为例，里面类比和比喻论证都不少，但是关于比喻是否恰当的争论反而更多。如：《弘明集》第600页（《难神灭论》）"又荣枯是一，何不先枯后荣，要先荣后枯何也？丝缕同时，**不得为喻**"。《弘明集》第608—609页（《难神灭论》）"答曰：'珉似玉而非玉，鹢类凤而非凤，物诚有之，人故宜尔。项、阳貌似而非实似，心器不均，虽貌无益也。'""珉、玉、鹢、凤**不得为喻**。今珉自名珉，玉实名玉，鹢号鹢鹢，凤曰神凤。名既殊称，貌亦爽实。今舜重瞳子，项羽亦重瞳子，非有珉、玉二名，唯睹重瞳相类。"《弘明集》第306—311页（《新论·形神》）"或难曰：'以烛火喻形神，恐似而非焉？'""火则从一端起。而人神气则于体当从内稍出合于外。若由外凑达于内。固未必由端往也。譬犹炭火之赤，如水过度之。亦小灭，然复生焉；此与人血气生长肌肉等，顾其终极，或为炙，或为炲耳。曷为**不可以喻**哉！"

第八章　容忍例外的知识

前面几章对容忍例外知识的表达及相关推理做了一些探索，这些探索有些是深入系统的，比如概称句的表达及其推理；有些重在提示观念上的改变，如科学定律的表达与概称句的关联，如归纳推理的概称句解释，等等。如果说经典演绎逻辑所总结的是"理想的"数学推理的规律，对于"容忍例外"的研究则在尝试探索具有一定"柔性"的人类认知的规律。这种探索是纯理论的，但对人类认知的探索也同时有着巨大的应用潜质，本章我们结合来自人工智能领域的反思谈谈研究容忍例外的应用意义。

§8.1 封闭性假设

人工智能研究发展至今，经历了三次浪潮，已经形成了几千种以上的不同技术路线，陈小平（2020）认为，这些技术路线中的多数可以用人工智能领域的两种经典思维加以概括：一种是基于模型的暴力法，一种是基于元模型的训练法。

基于模型的暴力法原理是：首先建立场景 D 的精确模型 $M(D)$，并构建一个表示该精确模型的知识库或状态空间 K^M，选择一个推理机或一种搜索算法来得到扩展模型，进而让知识库或状态空间上的推理者的推理或搜索是计算可行的，同时对于一定范围内的任何问题，都能在知识库或状态空间上找出一个正确答案。具体应用上，例如，在命题逻辑中可以实施这样的算法去处理就餐场景的问题等。一般认为，暴力法主要面临的问题在于知识的获取，什么样的知识库才是"正确的"，什么样的应用场景才是足够"充分的"，并没有统一公认的标准。在实际操作中，知识库的构建比推理机的构建困难很多，在此情况下，暴力法基于演绎逻辑（比如命题逻辑）的保真性和可证正确性的理论优势的效力就会受到很大的限制。

元模型的意思是模型的模型。基于元模型的训练法的原理是：基于应用场景D，设计元模型$M(D)$，采集标准数据集并确定评价标准，在此基础上依据元模型选择一种合适的人工神经网络和一个合适的学习算法，进而得到扩展模型，依据数据拟合原理，以标准数据集中的部分数据作为训练数据，用所选择的学习算法来训练人工神经网络的连接权重，使得训练后人工神经网络的输出总误差最小。训练法背后的工作量巨大，包括设计学习目标，决定评价准则，采集数据以及做标注，选择或重新设计学习算法，选择测试的平台以及工具，以及设计测试方法，等等。不过，相比暴力法，训练法从理论基础角度来看，没有可证正确性，也没有可解释性，这使得训练法的基础理论研究方面面临着非常大的挑战。

尽管暴力法和训练法都有不少问题，但把暴力法和训练法相结合能够消除或者减弱两种方法所存在的问题，AlphaGo Zero[①]就是尝试将两

---

① 谷歌下属公司Deepmind的围棋程序。2017年10月19日凌晨，在国际学术期刊《自然》（*Nature*）上发表的一篇研究论文中，谷歌下属公司Deepmind报告新版程序AlphaGo Zero：从空白状态学起，在无任何人类输入的条件下，它能够迅速自学围棋，并以100∶0的战绩击败"前辈"。它经过3天的训练便以100∶0的战绩击败了AlphaGo Lee，经过40天的训练便击败了AlphaGo Master。

者结合的一个成功案例，所谓"集成智能"，将逐渐成为未来人工智能发展的趋向。

不过，不管是暴力法还是训练法都存在理论上的能力边界，陈小平（2020）将其总结为封闭性。陈小平分别探讨了人工智能中可定义的两种封闭性，即与上述两种经典思维分别对应的依模型封闭性和依训练封闭性。如果一个应用场景依模型封闭或者依训练封闭，就称该场景具有封闭性。如果一个应用场景依模型封闭，则用暴力法是可解的，即存在推理机或者所谓算法，对一定范围内的每个问题都给出正确答案。而如果一个应用场景依训练封闭，则用训练法是可解的。封闭性准则相当于从理论角度给出了暴力法和训练法的边界，这意味着在非封闭场景中暴力法和训练法的应用没有成功的保证。

封闭性准则还只是暴力法和训练法理论上的能力边界。在实际应用中还要考虑脆弱性这一人工智能技术的主要瓶颈：如果智能系统的输入不在知识库或训练好的人工神经网络有效范围内，系统可产生错误的输出。脆弱性在理论上是无解的，但在一定条件下是工程上可解的。基于这一讨论，陈小平（2020）继续给出了强封闭准则：一个场景D在一个工程项目P中具有强封闭性，如果场景D具有封闭性，且场景D具有失误非致命性（应用于场景D的智能系统的失误不产生致命的后果），且封闭性包含的所有要求在项目P中都能得到实际满足。

实际应用中，符合强封闭性准则的工程项目可以成功应用于现有人工智能技术，不符合的则不能。符合强封闭性准则的工程项目并不是少数，例如制造业、智慧农业等行业就可以满足强封闭性准则。不过，还是有非常多的部门、行业以及生活场景并不适用封闭化，发展开放性场景中的人工智能技术将是未来发展中的一项长期追求。

§8.2 容忍例外的知识

关于人工智能领域封闭性问题的探讨对逻辑学者而言至少提供了两方面的提示。其一，封闭性准则提示了目前人工智能方法处理问题能力的边界以及产生这种边界的实质；只有在一定的限定范围和场景下，暴力法或训练法才具有成功的保证，然而在非常多的部门、行业以及生活场景中，封闭性都不适用，这意味着我们不得不面对和思考如何应对开放性。其二，暴力法的理论基础是经典演绎逻辑，这一逻辑基底具有保真性和可证正确性，但这个理论基础由于知识库建立的不确定性实则大打折扣；而训练法虽然近些年来被广泛地使用，但其理论基础方面实际上并没有十分坚实的保障。

本书关注容忍例外的知识，所谓容忍例外，其本质就是具有开放性，而常识推理，的确也应对着对于人工智能领域有巨大挑战的日常场景。从研究方法来看，要刻画容忍例外的知识和由此引发的非单调推理，全称句和经典逻辑并不够，必须引入一些新的思路和技术方法。不过，这里所做的尝试并非要推翻经典逻辑，而是在经典逻辑基础上做修改和补充。以概称句推理为例，本书中所提供的前提带排序的刻画方式，其本质上是把推理区分为局部推理和整体推理，从局部来看，每一步推理都遵循与经典逻辑相当的规律[①]，当不同的局部推理的结论放在一起产生矛盾时，再考虑通过排序去除矛盾，得出最终结论（见图8-1）。

---

① 当然，由于研究对象不同，构建人工语言的范围等也有所不同，如我们需要在刻画概称句的逻辑中表达概称句，进而引入两个二元模态词等，如此一来逻辑系统中所呈现出来的推理规律也有所不同。

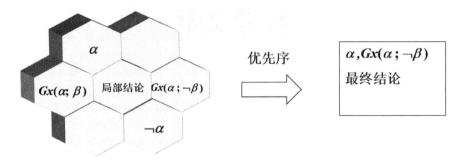

图8-1 非单调推理的刻画：从局部推理到最终结论

　　人工智能领域的应用场景中也有不少优先序设定，这些具体的应用同样可以给我们的理论研究以很多的启发。当然，需要注意的是，这里的研究属于基础性的研究，是面向逻辑基底架构的一些思考。目前，人工智能领域暴力法的基础是经典的演绎逻辑，经典演绎逻辑能够很好地刻画数学推理，但是对于常识推理，经典逻辑是不够用的。这可以从另外一个角度来说明为什么人工智能在开放性场景会"不够用"，逻辑学的作用是基底性的，但越是基底性的调整，影响越是巨大，用"得之毫厘，进以千里"来形容这种影响也不为过。如果逻辑学领域能够在开放的常识推理领域从形式结构角度给出一些基底性的改变，其影响将是非常深远和巨大的。除了探究人类认知的规律和真相，人工智能领域的可能应用也是本项研究的动因之一。

参考文献

[1] [希]安东尼奥 & [荷]海尔梅莱茵.(2008).语义网基础教程.陈小平等译.北京:机械工业出版社.

[2] 陈小平.(2020).人工智能中的封闭性和强封闭性——现有成果的能力边界、应用条件和伦理风险.智能系统学报(01),114-120.

[3] 邓生庆 & 任晓明.(2006).归纳逻辑百年历程.北京:中央编译出版社.

[4] 邓生庆.(1988).从古典归纳逻辑到现代归纳逻辑——穆勒、凯恩斯和莱欣巴赫的归纳逻辑理论.北京:北京大学哲学系.

[5] [英]卡特赖特.(2006).斑杂的世界：科学边界的研究.王巍 & 王娜译.上海:上海世纪出版集团.

[6] 李小五.(1992).现代归纳逻辑与概率逻辑.北京:科学出版社.

[7] 李小五.(1996).何谓现代归纳逻辑.哲学研究(09),56-60.

[8] 李小五.(2003).条件句逻辑.北京:人民出版社.

[9] 刘奋荣.(2001).非单调推理的逻辑研究.北京:中国社会科学研究院.

[10] 《逻辑学》编写组.(2018).逻辑学(第二版).北京:高等教育出版社.

[11] [美]莱考芙 & [美]约翰逊.(2015).我们赖以生存的隐喻.何文忠译.杭州:浙江大学出版社.

[12] 刘明明.(2006).推类逻辑:中国古代逻辑的原型(上).毕节学院学报(综合版)(03),21-26.

[13] 刘明明.(2012).中国古代推类逻辑研究.北京:北京师范大学出版社.

[14] 刘壮虎.(2000).邻域语义学与推演系统的完全性.哲学研究(09),72-78+80.

[15] 刘壮虎.(2001).素朴集合论.北京:北京大学出版社.

[16] 刘壮虎.(2019).模态逻辑的邻域语义学.https://logic.pku.edu.cn/ann_attachments/zzzzzzz.pdf.

[17] [英]马歇尔.(2006).经济学原理.陈瑞华译.陕西:陕西人民出版社.

[18] 毛翊.(1995).条件句逻辑的邻域语义学.中国社会科学院哲学所逻辑室(Eds.).理有固然——纪念金岳霖先生百年诞辰(pp.255-273).北京:社会科学文献出版社.

[19] 僧佑.(2013).弘明集.刘立夫等译注.北京:中华书局.

[20] 邵帅.(2022).概称句的因果语义及其效用辨析.北京:中央财经大学.

[21] [美]斯坦哈特.(2019).隐喻的逻辑：可能世界之可类比部分.兰忠平译.北京:商务印书馆.

[22] 王培.(2004).概称句的生成与评价.《哲学动态》编辑部(Eds.).2004年逻辑研究专辑(pp.35-44).北京:哲学研究杂志社.

[23] 王巍.(2011).说明、定律与因果.北京:清华大学出版社.

[24] 王巍.(2011).有没有"其它情况均同"定律?.自然辩证法通讯(01),1-6+122+126.doi:10.15994/j.1000-0763.2011.01.07.

[25] 王文方.(2011).Smith之《含混性与真程度》.台湾大学哲学评论(42),153-162.

[26] 邢滔滔.(2021).名家.北京:人民大学出版社.

[27] 叶峰.(1994).一阶逻辑与一阶理论.北京:中国社会科学出版社.

[28] 殷海光.(2018).逻辑新引——怎样判别是非.成都:四川人民出版社.

[29] 张爱珍.(2010).模糊语义研究(博士学位论文,福建师范大学).https://kns.cnki.net/KCMS/detail/detail.aspx?dbname=CDFD0911&filena

me=1011062588.nh.

[30] 张立英 & 张君.(2021).内涵与外延之辩：基于含糊性语义解释演进的分析.逻辑学研究(02),68-87.

[31] 张立英 & 周北海.(2004).基于主谓项涵义联系的概称句推理的几个逻辑.《哲学动态》编辑部(Eds.).2004年逻辑研究专辑(pp.18-25).北京:哲学研究杂志社.

[32] 张立英.(2005).概称句的语义分析及一种类型的概称句推理(博士论文，北京：北京大学哲学系). https://logic.pku.edu.cn/ann_attachments/zhangly.pdf.

[33] 张立英.(2005).一种类型的概称句推理.《哲学动态》编辑部(Eds.).2005年逻辑研究专辑(pp.6-11).北京:哲学研究杂志社.

[34] 张立英.(2006).概称句推理逻辑系统G0-G4的完全性.哲学门007(001),97-120.

[35] 张立英.(2007).用概率方法解释概称句——亚里尔·科恩的概称句语义研究.哲学动态(12),61-64.

[36] 张立英.(2009).概称句推理与排序.逻辑学研究(02),53-64.

[37] 张立英.(2013a).含糊性及累积悖论研究.哲学动态(10),109-112.

[38] 张立英.(2013b).概称句推理研究.北京:社会科学文献出版社.

[39] 张立英.(2015a).排除式CP实体的形式刻画.逻辑学研究(01).37-49.

[40] 张立英.(2015b).CP定律的解释及其经济学起源.中央财经大学学报(增刊).73-76.

[41] 张立英.(2016).概称句的语义解释及形式化比较研究哲学动态(08).21-26.

[42] 张立英.(2017a).归纳推理的概称句解释.哲学分析(02).142-149.

[43] 张立英.(2017b).以可推翻论证为基点的非单调推理研究.哲学动态(05).105-108.

[44] 张立英.(2023).类比的逻辑分析.科学·经济·社会(03),13-26.

[45] 张祥 & 瞿裕忠.(2008).语义网中的排序问题.计算机科学(02),196-200.

[46] 周北海 & 毛翊.(2003).一个关于常识推理的基础逻辑.《哲学研究》编辑部(Eds.).2003年逻辑研究专辑(pp.4-13+114).北京:哲学研究杂志社.

[47] 周北海 & 毛翊.(2004).常识推演——常识推理的形式刻画.《哲学动态》编辑部(Eds.).2004年逻辑研究专辑(pp.1-8).北京:哲学研究杂志社.

[48] 周北海 & 毛翊.(2006).微缩框架与常识推理基础逻辑系统M的完全性.西南大学学报(人文社会科学版)(01),70-74.

[49] 周北海 & 张立英.(2018).样本发散型含糊类的形式刻画.逻辑学研究(01),23-34.

[50] 周北海.(1997).模态逻辑导引.北京:北京大学出版社.

[51] 周北海.(2004).概称句本质与概念.北京大学学报(哲学社会科学版)(04),20-29.

[52] 周北海.(2008).涵义语义与关于概称句推理的词项逻辑.逻辑学研究(01),38-49.

[53] 周北海.(2010).概念语义与弗雷格迷题消解.逻辑学研究(04),44-62.

[54] 朱建平.(2011).内涵逻辑发展的新趋势——应用逻辑系列《内涵逻辑的进展》一书简介.逻辑学研究(04),88-97.

[55] 朱锐.(2020).科学如何克服生命意志.社会科学报(1702).

[56] 邹崇理.(2000).自然语言的逻辑研究.北京:北京大学出版社.

[57] Akiba, K. (2017). A Unification of Two Approaches to Vagueness: The Boolean Many-Valued Approach and the Modal-Precisificational Approach. *Journal of Philosophical Logic, 46*(4), 419-441.

[58] Alchourrón, C. E., & Makinson, D. (1981). Hierarchies of regulations and their logic. In Hilpinen, R. (Ed.), *New Studies in Deontic Logic* (pp. 125-148). New York: D. Reidel Publishing Company.

[59] Anderson, J. R. (1989). A theory of the origins of human knowledge. *Artificial Intelligence*, 40, 313-351.

[60] Asher, N., & Morreau, M. (1991). Commonsense entailment: a modal theory of nonmonotonic reasoning. In Mymopoulos, J., & Reiter, R. (Eds.), *Proceedings of the Twelfth International Joint Conference on Aritificial Intelligence* (pp. 387-392). San Francisco, California: Morgan Kaufman Publishers Inc.

[61] Asher, N., & Morreau, M. (1995). What some generic sentences mean. In Carlson, G., & Pelletier, F. (Eds.), *The Generic Book* (pp. 300-338). Chicago: The University of Chicago Press.

[62] Ashworth, E. J., & Domenic D' Ettore. (2021). Medieval Theories of Analogy. In Edward Zalta, N. (Ed.), *The Stanford Encyclopedia of Philosophy (Winter 2021 Edition),* https://plato.stanford.edu/archives/win2021/entries/analogy-medieval/.

[63] Bacchus, F., Grove, Adam J., Halpern, Joseph Y., & Koller, D. (1994). Generating new beliefs from old. *Proceedings of the Tenth Conference on Uncertainty in AI*, 37-45.

[64] Ballarin, R. (2017). Modern Origins of Modal Logic. In Edward Zalta, N. (Ed.), *The Stanford Encyclopedia of Philosophy (Summer 2017 Edition)*, https://plato.stanford.edu/archives/sum2017/entries/logic-modal-origins/.

[65] Bartha, P. (2019). Analogy and Analogical Reasoning. In Edward Zalta, N. (Ed.), *The Stanford Encyclopedia of Philosophy (Spring 2019 Edition)*, https://plato.stanford.edu/archives/spr2019/entries/reasoning-

analogy/.

[66] Bastiaanse, H., & Veltman, F. (2016). Making the right exceptions. *Artificial Intelligence*, 238, 96-118.

[67] Benthem, V. J., Girardand, P., & Roy, O. (2009). Everything Else Being Equal: A Modal Logic Approach to Ceteris Paribus Preferences. *Journal of Philosophical Logic*, 38, 83-125.

[68] Blackburn, P., Rijke, M., & Venema, Y. (2001). *Modal Logic*. Cambridge: Cambridge University Press.

[69] Bondarenko, A., Dung, P. M., Kowalski, R. A., & Toni, F. (1997). An abstract argumentation-theoretic approach to default reasoning. *Artifical Intelligence*, 93, 63-101. 该文通常被简称为BDKT。

[70] Booth, R., Kaci, S., Rienstra, T., & van der Torre, L. (2013). Monotonic and non-monotonic inference for abstract argumentation. *Proceedings of the Twenty-Sixth International Florida Artificial Intelligence Research Society Conference (FLAIRS 2013)*.

[71] Boutilier, C. (1994). Conditional logics of normality: a modal approach. *Artificial Intelligence* , 68, 87-154.

[72] Boutilier, C. (1994). Unifying default reasoning and belief revision in a modal framework. *Artificial Intelligence*, 68, 33-85.

[73] Boutilier, C., Brafman, R. I., Domshlak, C., Hoos, H. H., & Poole, D. (2004). CP-nets: A Tool for Representing and Reasoning with Conditional Ceteris Paribus Preference Statements. *Journal of Artificial Intelligence Research*, 21, 135-191.

[74] Carlson, G. N. (1995). Truth conditions of generic sentences: two contrasting views. In Carlson, G., & Pelletier, F. (Eds.), *The Generic Book* (pp. 224-237). Chicago: The University of Chicago Press.

[75] Cartwright, N. (1983). *How the Laws of Physics Lie*. Oxford: Oxford University Press.

[76] Cartwright, N. (1989). *Nature's Capacities and Their Measurement*. Cambridge: Cambridge University Press.

[77] Cohen, A. (1999). *Think Generic! : The meaning and use of generic sentences*. Stanford: CSLI Publications, Center for the Study of Language and Information.

[78] Cohen, A. (2002). Genericity. *Linguistische Berichte*, 10, 59-89.

[79] Dahl, Ö. (1975). On generics. In Keenan, E. L. (Ed.), *Formal Semantics of Natural Language* (pp. 99-111). Cambridge: Cambridge University Press.

[80] De Rijke, M. (1997). *Advances in Intensional Logic*. Dordrecht: Kluwer Academic Publishers.

[81] Declerck, R. (1986). The manifold interpretations of generic sentences. *Lingua*, 68, 149-188.

[82] Declerck, R. (1991). The origins of genericity. *Linguistics*, 29, 79-102.

[83] Delgrande, J. (1987). A first-order conditional logic for prototypical properties. *Artificial Intelligence*, 33, 105-130.

[84] Delgrande, J. (1988). An approach to default reasoning based on a first-order conditional logic: Revised report. *Artificial Intelligence*, 36, 63-90.

[85] Dung, P. M. (1995). On the acceptability of arguments and its fundamental role in nonmonotonic reasoning, logic programming, and n-person games. *Artificial Intelligence*, 77, 321-357.

[86] Dung, P. M., Kowalski, R. A., & Toni, F. (2009). Assumption-based argumentation. In Rahwan I., & Simari G. R. (Eds.), *Argumentation in Artifical Intelligence* (pp. 199-217). New York: Springer Publishing.

[87] Earman, J., & Roberts, J. (1999). Ceteris Paribus, There is no Problem of Provisos. *Synthese*, 118, 439-478.

[88] Earman, J., Roberts, J., & Smith, S. (2002). Ceteris Paribus Lost. *Erkenntnis*, 57, 281-303.

[89] Ebbinghaus, H. D., Flum, J., & Thomas, W. (1994). *Mathematical Logic*, New York: Springer-Verlag.

[90] Eckardt, R. (1999). Normal objects, normal worlds and the meaning of generic sentences. *Journal of Semantics*, 16, 237-278.

[91] Fagin, R., Halpern, J. Y., Moses, Y., & Vardi, M. Y. (1995). *Reasoning about Knowledge*. Cambridge: The MIT Press.

[92] Fine, K. (1975). Vagueness, Truth and Logic. *Synthese*, *30*(3-4), 265-300.

[93] Friedman, N., & Joseph Halpern, Y. (1994). A knowledge-based framework for belief change, part I: Foundations. In Fagin, R. (Ed.), *Theoretical Aspects of Reasoning about Knowledge: Proceedings of the Fifth Conference (TARK '94)* (pp. 44-64). San Francisco, California: Morgan Kaufman Publishers Inc.

[94] Friedman, N., & Joseph Halpern, Y. (1994). A knowledge-based framework for belief change, part II: Revision and Update. In Doyle, J., Sandwell, E., & Torasso, P. (Eds.), *Principles of Knowledge Representation and Reasoning: Proceedings of the Fourth International Conference (KR '94)* (pp.190-201). Amsterdam, Holland: Elsevier Inc.

[95] Friedman, N., & Joseph Halpern, Y. (1994). Conditional logics of belief change. *Proceedings of the Twelfth National Conference on Artificial Intelligence*, 915-921.

[96] Gabbay, D. M., & Guenthner, F. (2002). *Handbook of Philosophical*

Logic (4). Dordrecht: Kluwer Academic Publishers.

[97] Gabby, D. M. (2011). Dung's Argumentation is Essentially Equivalent to Classical Propositional Logic with the Peirce-Quine Dagger. *Logica Unversalis*, 05, 255-318.

[98] Gärdenfors, P. (1992). Belief revision: an introduction. In Gärdenfors, P. (Ed.), *Belief Revision* (pp. 1-20). Cambridge: Cambridge University Press.

[99] Hempel, C. (1988). Provisoes: A Problem concerning the Inferential Function of Scientific Theories. *Erkenntnis*, 28, 147-164.

[100] Heyer, G. (1985). Generic descriptions, default reasoning and typicality. *Theoretical Linguistics*, 11, 33-72.

[101] Hills, D. (2022). Metaphor. In Edward Zalta, N. (Ed.), *The Stanford Encyclopedia of Philosophy (Fall 2022 Edition),* https://plato.stanford.edu/archives/fall2022/entries/metaphor/.

[102] Holyoak, K. J. (2012). Analogy and relational reasoning. In Holyoak, K. J., & Morrison, R. G. (Eds.), *The Oxford Handbook of Thinking and Reasoning* (pp. 234-259). Oxford: Oxford University.

[103] Horty, J. (2007). Defaults with Priorities. *Journal of Philosophical Logic*, 36, 367-413.

[104] Jackson, F. (1991). *Conditionals*. Oxford: Oxford University Press.

[105] Jerry Fodor, A. (1991). You Can Fool Some People All of the Time, Everything Else Being Equal; Hedged Laws and Psychological Explanations. *Mind*, 100, 19-34.

[106] Joseph Halpern, Y. (1991). The relationship between knowledge, belief, and certainty. *Annals of Mathematics and Artificial Intelligence*, 4, 301-302.

[107] Juthe, A. (2005). Argument by analogy. *Arguementation*, 19, 1-27.

[108] Kern-Isberner, G. (2001). *Conditionals in Nonmonotonic Reasoning and Belief Revision: Considering Conditionals as Agents*. Berlin Heidelberg: Springer-Verlag.

[109] Krifka, M., Pelletier, F. J., Carlson, G. N., Meulen, A., Chierchia, G., & Link, G. (1995). Genericity: an introduction. In Carlson, G., & Pelletier, F. (Eds.), *The Generic Book* (pp. 1-124). Chicago: The University of Chicago Press.

[110] Lange, M. (2000). *Natural Laws in Scientific Practice*. Oxford: Oxford University Press.

[111] Lange, M. (2002). Who's Afraid of Ceteris Paribus Laws? Or: How I Learned to Stop Worrying and Love Them. *Erkenntnis* (Special Issue), 52, 407-423.

[112] Lange, M. (2005). Laws and their Stability. *Synthese*, 144, 415-432.

[113] Lasersohn, P. (1999). Pragmatic halos. *Language,* 75(3), 522-551.

[114] Lehmann, D., & Magidor, M. (1992). What does a conditional knowledge base entail? *Artificial Intelligence*, 55, 1-60.

[115] Levesque, H. J. (1990). All I know: a study in autoepistemic logic. *Artificial Intelligence*, 42, 263-309.

[116] Liao, B., Oren, N., van der Torre, L., & Villata, S. (2019). Prioritized Norms in Formal Argumentation. *Journal of Logic and Computation*, 29(2), 215-240.

[117] Lifschitz, V. (1986). On the satisfiability of circumscription. *Artificial Intelligence*, 28, 17-27.

[118] Liu, F. R. (2011). *Reasoning about Preference Dynamics*. Dordrecht: Springer.

[119] Łukasiewicz, J. & Borkowski, L. (1970). *Selected Works*. Amsterdam: North-Holland and Warsaw: PWN.

[120] Makinson, D. (2005). How to Go Nonmonotonic. In Gabbay, D. M., & Guenthner, F. (Eds.), *Handbook of Philosophical Logic* (pp. 175-278). New York: Springer.

[121] Makinson, D., & Gärdenfors, P. (1989). Relations between the logic of theory change and nonmonotonic logic. In Fuhrmann, A., & Morreau, M. (Eds.), *The Logic of Theory Change*(pp. 185-205). Berlin: Springer-Verlag.

[122] Mao, Y. (2003). *A Formalism for Nonmonotonic Reasoning Encoded Generics*. Austin: The University of Texas at Austin.

[123] Mao, Y., & Zhou, B. (2003). An analysis of the meaning of generics. *Social Sciences in China, 24*(3), 126-133.

[124] Martin, S. (2007). Ceteris Paribus Conditionals and Comparative Normalcy. *Journal of Philosophical Logic*, 36, 97-121.

[125] McCarthy, J. (1980). Circumscription-a form of non-monotonic reasoning. *Artificial Intelligence*, 13, 27-39.

[126] McCarthy, J. (1986). Application of Circumscription to Formalizing Common-Sense Knowledge. *Artificial Intelligence*, 13, 89-116.

[127] McDermott, D. & Doyle J. (1980). Non-monotonic logic I. *Artificial Intelligence*, 13, 41-72.

[128] Morreau, M. (1995). Allowed arguments, In Mymopoulos, J., & Reiter, R. (Eds.), *Proceedings of the sixteenth International Joint Conference on Artificial Intelligence* (pp. 1466-1472). San Francisco, California: Morgan Kaufman Publishers Inc.

[129] Nute, D. (1980). *Topics in Conditional Logic*. Dordrecht, Holland: D.

Reidel Publishing Company.

[130] Papafragou, A. (1996). On Generics. *UCL Working papers in linguistics 8,* papafragou.psych.udel.edu/papers/uclwp96.pdf.

[131] Pearl, J. (2000). *Causality: Models, Reasoning and Inference.* Cambridge: Cambridge University Press.

[132] Pelletier, F. J., & Asher, N. (1997). Generics and Defaults. In Benthem, V. J., & ter Meulen, A. (Eds.), *Handbook of Logic and Language* (pp. 1125-1177). Cambridge: The MIT Press.

[133] Pelletier, F. J., & Asher, N. (2009). Are All Generics Created Equal. In Pelletier, F. J. (Ed.), *Kinds, Things and Stuff* (pp. 3-15). Oxford: Oxford University Press.

[134] Pelletier, F. J., & Asher, N. (2009). Generics: A Philosophical Introduction. In Pelletier, F. J. (Ed.), *Kinds, Things and Stuff* (pp. 3-15). Oxford: Oxford University Press.

[135] Pietroski, P., & Rey. R. (1995). When Other Things aren't Equal: Saving Ceteris Paribus Laws from Vacuity. *British Journal for the Philosophy of Science*, 46, 81-110.

[136] Pollock, J. L. (1992). How to reason defeasibly. *Artificial Intelligence*, 57, 1-42.

[137] Poole, D. (1988). A logical framework for default reasoning. *Artificial Intelligence*, 36, 27-47.

[138] Poole, D. (1991). The effect of knowledge on belief: conditioning, specificity and the lottery paradox in default reasoning. *Artificial Intelligence*, 49, 281-307.

[139] Prakken, H., & Sartor, G. (1997). Argument-based extended logic programming with defeasible priorities. *Journal of Applied Non-*

classical Logics, 7, 25-75.

[140] Prakken, H., & Vreeswijk, G. (2002). Logics for Defeasible Argumentation. In Gabby, D. M., & Guenthner, F. (Eds), *Handbook of Philosophical Logic* (4, pp. 219-318). Amsterdam, Holland: Kluwer Academic Publishers.

[141] Putnam, H. (1975). *Mind, Language and Reality*. Cambridge: Cambridge University Press.

[142] Raffman, D. (1996). Vagueness and Context-Relativity. *Philosophical Studies*, 81, 175-192.

[143] Reichenbach, H. (1965). *The theory of relativity and a prior knowledge*, Oakland, California: University of California Press.

[144] Reichenbach, H. (1971). *The theory of probability: an inquiry into the logical and mathematical of the calculus of probability*. Berkeley: University of California Press.

[145] Reiter, R. (1980). A logic for default reasoning. *Artificial Intelligence*, 13, 81-132.

[156] Reutlinger, A., Schurz, G., & Hüttemann, A. (2014). Ceteris Paribus Laws. In Edward Zalta, N. (Ed.), *The Stanford Encyclopedia of Philosophy (Winter 2019 Edition)*, https://plato.stanford.edu/entries/ ceteris-paribus/.

[147] Rooij, V., & Schulz, K. (2019a). A Causal Power Semantics for Generic Sentences. *Topoi*, *40*(1), 131-148.

[148] Rooij, V., & Schulz, K. (2019b). A Causal Semantics of IS Generics. *Journal of Semantics*, 37, 269-295.

[149] Rooij, V. & Schulz, K. (2019c). Generic sentences: Representativeness or Causality? *Proceedings of Sinn und Bedeutung*, 23, 408-425.

[150] Rooij, V., Cobreros, P., Ripley, D., & Egre, P. (2012). Tolerant, classical, strict. *Journal of Philosophical Logic*, 41, 347-385.

[151] Rooij, V., Godo, L., & Hajek, P. (2011). Vagueness, tolerance and non-transitive entailment. *Understanding Vagueness: Logical, Philosophical, and Linguistic Perspectives*, 205-221.

[152] Rosch, E. (1978). Principles of categorization,In Rosch, E., & Lloyd, B. B. (Eds.), *Cognition and categorization* (pp. 27-48). New Jersey: Lawrence Erlbaum.

[153] Saint-Cyr, F. D., Duval, B., & Loiseau, S. (2001). A priori revision. In Benferhat, S., & Besnard, P. (Eds.), *Symbolic and Quantitative Approaches to Reasoning with Uncertainty (6th European Conference, ECSQARU 2001)* (pp. 488-494), Berlin Heidelberg: Springer-Verlag.

[154] Schiffer, S. (1991). Ceteris Paribus Laws. *Mind*, 100, 1-17.

[155] Schurz, G. (2001). What is Normal? An Evolution Theoretic Foundation of Normic Laws and their Relation to Statistical Normality. *Philosophy of Science*, 28, 476-497.

[156] Simari, G. R., & Loui, R. P. (1992). A mathematical treatment of defeasible argumentation and it implementation. *Artificial Intelligence*, 53, 125-157.

[157] Skyrms, B. (1986). *Choice and Chance: an Introduction to Inductive Logic*. Belmont, California: Wadsworth Publishing Company.

[158] Smith, N. J. J. (2008). *Vagueness and Degrees of Truth*. Oxford: Oxford University Press.

[159] Sorensen, R. A. (1998). Ambiguity, Discretion and the Sorites. *The Monist*, 81, 215-232.

[160] Sorensen, R. A. (2001). *Vagueness and Contradiction*. Oxford: Oxford

University Press.

[161] Spohn, W. (1990). A general non-probabilistic theory of inductive reasoning. In Shachter, R. D., Levitt, T. S., Kanal, L. N., & Lemmer, J, F. (Eds.), *Uncertainty in Artificial Intelligence* (9, pp. 149-158). Amsterdam, Holland: Elsevier Science Publishers.

[162] Spohn, W. (2002). Laws, Ceteris Praribus conditions, and the Dynamics of Belief. *Erkenntnis*, 52, 373-394.

[163] Tye, M. (1989). Supervaluationism and the law of excluded middle. *Analysis*, *49*(3), 141-143.

[164] Tye. M. (1990). Vague objects, *Mind*, 99, 535-557.

[165] Van Fraassen, B. C. (1966). Singular terms, truth-value gaps, and free logic. *Journal of Philosophy*, *63*(17), 481-495.

[166] Wang, W. (2013). Is There Such a Thing as a Ceteris Paribus Law. In Benthem, V. J., & Liu, F. R. (Eds.), *Studies in Logic* (47, pp. 92-94), London: College Publications.

[167] Williamson, T. (1994). *Vagueness*. London: Routledge.

[168] Williamson, T. (2002). Soames on Vagueness. *Philosophy and Phenomenological Research*, 65, 422-428.

[169] Wobcke, W. (1995). Belief revision, conditional logic and nonmonotonic reasoning. *Notre Dame Journal of Formal Logic*, 36, 55-102.

[170] Wobcke, W. (2000). A information-based theory of conditionals. *Notre Dame Journal of Formal Logic*, *41*(2), 95-141.

[171] Woodward, J., & Hitchcock, C. (2003). Explanatory Generalizations, Part I: A Counterfactual Account. Noûs, *37*(1), 1-24.

[172] Yao, Y.: Rule-based lightweight structure design, in Agotnes, T.,

Liao, B., Wáng, Y. N.: The First Chinese Conference on Logic and Argumentation, CLAR2016.

[173] Zadeh, L. (1965). Fuzzy sets. *Information and Control*, *8*(3), 338-353.

[174] Zhang, L. (2013). Ceteris Paribus as Defaults. *Logic Across the University: Foundations and Application* (47, pp. 75-84), Proceedings of the Tsinghua Logic Conference, Beijing, 14-16 October 2013. London: College Publications.

[175] Zhou, B., & Mao, Y. (2010). Four semantic layers of common nouns. *Synthese*, *175*(1), 47-68.

[176] Zhou, B., & Zhang, L. (2013). Vague Classes and a Resolution of the Bald Paradox. In Benthem, V. J., & Liu, F. R. (Eds), *Logic Across the University: Foundations and Application* (47, pp. 319-332), Proceedings of the Tsinghua Logic Conference, Beijing, 14-16 October 2013. London: College Publications.